无障碍阅读　精美插图　名师点评

中国青少年必读名著

颜氏家训

［南北朝］颜之推◎著　焦庆锋◎编

彩色美绘版

黄河出版传媒集团
宁夏人民出版社

图书在版编目 (CIP) 数据

颜氏家训 /（南北朝）颜之推著；焦庆锋编 . —银川：宁夏人民出版社，2015.11
（中国青少年必读名著）
ISBN 978-7-227-06163-2

Ⅰ.①颜… Ⅱ.①颜… ②焦… Ⅲ.①家庭道德—中国—南北朝时代②《颜氏家训》—青少年读物 Ⅳ.① B823.1-49

中国版本图书馆 CIP 数据核字 (2015) 第 292067 号

中国青少年必读名著
颜氏家训　　　　［南北朝］颜之推　著　焦庆锋　编

责任编辑　杨　皎
封面设计　焦庆锋
责任印制　肖　艳

黄河出版传媒集团
宁夏人民出版社　出版发行

地　　址　银川市北京东路 139 号出版大厦（750001）
网　　址　http://www.yrpubm.com
网上书店　http://www.hh-book.com
电子信箱　renminshe@yrpubm.com
邮购电话　0951-5052104
经　　销　全国新华书店
印刷装订　三河市恒彩印务有限公司
印刷委托书号　（宁）0001332

开　本	640mm×920mm　1/16
印　张	12
字　数	120 千字
印　数	6000 册
版　次	2015 年 12 月第 1 版
印　次	2015 年 12 月第 1 次印刷
书　号	ISBN 978-7-227-06163-2/B・214
定　价	19.80 元

世界名著是人类文化艺术发展道路上的丰碑，它以生生不息的思想力量、经久不衰的语言魅力深深打动着一代又一代的读者。对于青少年而言，大量阅读文学名著，是行之有效的阅读行为。文学名著凭借超拔的构思、动人的故事、隽永的语言，实现了文学大家对自然与人类社会不凡的理解和想象。沉浸其中，会让你成为一个对事物有通达理解的人，一个个性健康、感情充沛、志趣高尚的人。总而言之，读名著对你的智商与情商的提高都有莫大的好处。

为了系统地向广大青少年传递世界名著精华，我们精心组织编写了这套《中国青少年必读名著》。我们从浩瀚的知识海洋中，撷取精华，汇聚经典，将最受世界青少年青睐的作品奉献给大家。该系列丛书会给读者朋友们打开一扇心灵的窗户，让读者朋友们在知识的天地里遨游和畅想，为青少年朋友们搭建一架智慧的天梯，让我们在知识时空中探幽寻秘。本套丛书内容健康、有益，紧扣中学生语文课标，集经典性、知识性、实用性、趣味性于一体。我们精选的这些名著都是经历了历史与时间的检验，是公认为最具有杰出思想内涵或文学艺术品位的名著，是一份让广大青少年朋友品味人类知识精华的大餐。

由于编纂时间仓促，加之编者水平有限，编写过程中难免出现纰漏，还望广大读者批评指正。

风操 慕贤

第六篇 风操

原文

吾观《礼经》，圣人之教，箕帚匕箸[1]，咳唾唯诺，执烛沃盥[2]，皆有节文[3]，亦为至矣。但既残缺，非复全书；其有所不载，及事变改者，学达君子，自为节度，相承行之，故世号士大夫风操。而家门颇有不同，所见互称长短；然其阡陌[4]，亦自可知。昔在江南，目能视而见之，耳能听而闻之；蓬生麻中，不劳翰墨[5]。汝曹生于戎马之间，视听之所不晓，故聊记录，以传示子孙。

注释

① 箕帚：粪箕和扫帚。匕箸：匙和筷。
② 沃盥（guàn）：洗手。
③ 节文：节制修饰。
④ 阡陌：本意为田间小路。这里指途径的意思。
⑤ 翰墨：可能是毛墨之误。

38

颜氏家训

译文

　　我看《礼经》上讲的都是圣人的教诲：在长辈面前如何使用簸箕扫帚，如何使用勺筷，如何应对，不许随意咳嗽、吐痰，如何持烛照明，端盆送水侍奉长辈洗手等，书中所规定的礼节，已经非常完备了。只是《礼经》原有残缺，不是一本完整的书；其中没有记载的内容，以及随着世事的变迁而改变的地方，博学通达之士便自己去权衡度量，沿袭施行，所以世人称之为士大夫风度节操。而各个家庭所规定的风度节操又略有不同，各有长短。不过各项风度节操的基本脉胳，自然是可以知道的。从前在江南的时候，这些风度节操能亲眼见到，亲耳听到；就像蓬草生长在大麻中，不用扶它自然就会长直，所以用不着花费笔墨去记录。你们生于兵荒马乱的年代，没能受到耳濡目染，所以我姑且将这些风度节操记录下来，把它传给子孙后代。

● 中华灯

原文

　　《礼》曰："见似目瞿①，闻名心瞿②。"有所感触，恻怆心眼；若在从容平常之地，幸须申其情耳。必不可避，亦当忍之；犹如伯叔兄弟，酷类先人，可得终身肠断，与之绝耶？又："临文不讳，庙中不讳，君所无私讳。"益知闻名，须有消息③，不必期于颠沛④而走也。梁世谢举，甚有声誉，闻讳必哭，为世所讥。又有臧逢世，臧严之子也，笃学修行，不坠门风；孝元经牧江州，遣往建昌督事，郡县民庶，竞修笺书，

39

尊重原文，对每字每句用白话文释义，让读者在欣赏原著的基础上，深刻领会作者的思想。

译文

阅读导航

目录
MULU

卷第三

勉　学

卷第四

文章　名实　涉务

卷第五

省事　止足　诫兵　养生　归心

卷第一

序致　教子　兄弟　后娶　治家

第一篇　序　致

本篇为全书之"序"，作者交代自己的写作意图，并通过亲身经历说明从小接受良好教育的重要性。首先，作者明确表示，写此书的目的在于"整齐门内，提撕子孙"，是为了教育自家儿孙晚辈。由于施教者与受教者的这层关系，抽象的说教可以变成娓娓而谈的家常话，这就比外人空讲"师友之诫"、"尧舜之道"更切近受教者，因而更易收到好的教育效果。其次，作者着重谈到自己九岁至十八九岁的这段经历：由于父母去世，兄长"有仁无威，导示不切"，加之"颇受凡人之所陶染"，故养成一些坏毛病，成人以后想改也难。作者以此说明从小接受良好教育的重要性。这些议论无疑是十分中肯的。

原文

夫圣贤之书，教人诚孝①，慎言检迹②，立身扬名，亦已③备矣。魏、晋已来，所著诸子④，理重事复，递相模效⑤，犹屋下架屋，床上施床耳。语今所以复为此者，非敢轨物范世也，业以整齐门内，提撕⑥子孙。夫同言而信，信其所亲；同命而行，行其所服。禁童子之暴谑，则师友之诫，不如傅婢⑦之指挥；止凡人之斗阋⑧，则尧、舜⑨之道，不

如寡妻之诲谕。吾望此书为汝曹^⑩之所信，犹贤于傅婢寡妻^⑪耳。

注释

①诚孝：即忠孝。作者因避隋文帝杨忠名讳，故将"忠"写为"诚"。

②检迹：行为自持，不放纵之意，为六朝及隋时习用语。

③已：通"以"。

④诸子：本指先秦诸子。这里指魏晋以来的人阐述儒家学说的著述。

⑤模敩：敩（xiào）：同"效"。模拟，仿效。

⑥提撕：扯拉，提引。此处引申为提醒，教诲之意。

⑦傅婢：即侍婢。

⑧斗阋（xì）：指家庭内兄弟之间的争执。

⑨尧舜：传说中上古时代的两位帝王。

⑩汝曹：汝辈，你们。多用于长辈称晚辈。

⑪寡妻：嫡妻，正妻。

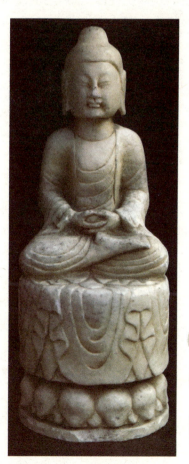

译文

古代圣贤们的书籍，教诲人们忠诚孝顺，言语谨慎，行为检点，建功立业，传扬美名等道理，也已经很完备的了。魏晋以来，各学派撰写的著作，重复事理，互相模仿，就像屋下架屋，床上叠床。现在我之所以仍然要写此书并不敢为世人树立行为规范，只是为了整顿家门风气，提醒子孙。同样一句话，信服了，是因为说话

● 石佛

3

人是自己所亲近的人；同样一个嘱咐，要让人遵行，是因为人们遵行自己所信服的人。要禁止儿童的打闹顽皮，那么老师、朋友的告诫，还不如侍婢的劝阻；要禁止兄弟之间的内讧，那么尧舜之道，还不如妻子的劝谕。我希望这本书能被你们信服，总要胜过侍婢、妻子吧。

原文

吾家风教，素为整密。昔在龆龀①，便蒙诱诲；每从两兄②，晓夕温清③，规行矩步④，安辞定色，锵锵翼翼⑤，若朝严君⑥焉。赐以优言，问所好尚，励短引长，莫不恳笃。年始九岁，便丁荼蓼⑦，家涂⑧离散，百口索然⑨。慈兄鞠养，苦辛备至；有仁无威，导示不切。虽读《礼》、《传》，微爱属文⑩，颇为凡人之所陶染，肆欲轻言，不修边幅。年十八九，少知砥砺⑪，习若自然，卒难洗荡，二十已后，大过稀焉；每常心共口敌，性与情竞，夜觉晓非，今悔昨失，自怜无教，以至于斯。追思平昔之指⑫，铭肌镂骨，非徒古书之诫，经目过耳也。故留此二十篇，以为汝曹后车耳。

注释

① 龆龀（tiáo chèn）：本指儿童换齿之时。这里指童年时代。

② 两兄：指之仪，之善二人。

③ 晓夕温清（qìng）：依照礼节侍奉父母。

④ 规行矩步：比喻举动合乎礼仪法度。

⑤ 锵锵翼翼：行走时恭敬有礼。

⑥ 严君：父母为全家所尊，如同国有严君，故旧称父母为严君。后多专指父亲。

⑦ 荼蓼（tú liǎo）：本意为处境艰苦，这里喻指丧父。家境困苦。

⑧ 家涂：家道。

⑨ 百口：全家。索然：萧索，冷落。

⑩ 属（zhǔ）文：写文章。

⑪ 少：同"稍"。砥砺：本指磨刀石，引申为磨炼。

⑫ 指：通"旨"，想法，意向。

译文

　　我家的风俗教化，一向是严整缜密的，还在我童年时候，就受到诱导教诲。常常跟着两位兄长，早晚向父母请安，冬天为父母温被，夏天为父母扇凉，一举一动，规规矩矩，言语平和，举止方正，严肃端庄。拜见父母，好像朝觐威严的君王。父母经常勉励我，询问我的爱好，激动我的优点，改正我的缺点，这些没有一样不是恳切深厚的。我刚满九岁，就失去了双亲，从此家道衰落，一家百余口零落离散。慈爱的兄长抚养我长大，历尽千辛万苦。兄长仁慈没有威严，对我监督教导不够严厉。我虽然读过《礼记》、《左传》，有点喜欢做文章，但是，由于受到世俗风气的熏陶渲染，放纵自己，不修边幅。到了十八九岁，我才稍微懂得磨炼节操德行；但习惯成自然，终于难以根治。20岁以后，就很少有大的过错，经常是嘴里和心里互相矛盾着；理智与感情互相冲突着。夜里觉察出白天的过错；今日懊悔昨日的过失。自己可怜自己缺少教养，以至落到这种境地。回想自己一生的教训，铭心刻骨；它不只是古书的告诫，仅仅耳闻目睹而已。因而留下这20篇文章，拿来作为你们的后车之鉴吧。

第二篇　教　子

　　此篇谈教育子女的有关问题。作者从正反两方面反复举例，说明教育子女的重要性以及方法、目的。作者强调要抓紧对子女的早期教育，这种教育开始得越早越好（包括"胎教"），认为不乘子女幼小时给予良好教育，到习性养成就难以纠正了。其次，强调对子女的教育要严格。作者反复申述父母应该"威严而有慈"，反对"无教而有爱"，认为宠爱孩子最终是害了孩子。为了保持在子女心目中的威严形象，父亲与孩子之间不可过份亲昵，不可不拘礼节，父亲甚至不要亲自教授自己的孩

子。只有让子女感到对父母的"畏慎"，才会促使他们产生孝心。此外，作者指出父母对子女应一视同仁，不可偏宠；父母教育子女应有正确的目的，不可为了仕进而谄事权贵，等等。总体来讲，作者的教育思想是秉承了儒家的正统观念，并深深打上了那个时代的烙印，但以今天的眼光看，如能去粗取精，去伪存真，则也不乏借鉴、参考的价值。

原文

上智不教而成，下愚虽教无益，中庸①之人，不教不知也。古者，圣王有胎教之法：怀子三月，出居别宫，目不邪视，耳不妄听，音声滋味，以礼节之。书之玉版，藏诸金匮②。生子咳提③，师保④固明孝仁礼义，导习之矣。凡庶⑤纵不能尔，当及婴稚，识人颜色，知人喜怒，便加教诲，使为则为，使止则止。比及数岁，可省笞罚。父母威严而有慈，则子女畏慎而生孝矣。吾见世间，无教而有爱，每不能然；饮食运为，恣其所欲，宜诫翻奖⑥，应诃反笑，至有识知，谓法当尔。骄慢已习，方复制之，捶挞至死而无威，忿怒日隆而增怨，逮⑦于成长，终为败德。孔子云"少成⑧若天性，习惯如自然。"是也。俗谚曰："教妇初来，教儿婴孩。"诚哉斯语！

注释

① 中庸之人：智力中常的人。

② 金匮（guì）：金属制作的藏书柜，古人以金统称各种金属。

③ 咳提（hái tí）：孩提。指在襁褓中的婴儿。

④ 师保：古代担任教导皇室贵族子弟的官，有师有保，统称师保。

⑤ 凡庶：普通人，平民。

⑥ 运为：行为。翻：反而，连词。

⑦ 逮：及，达到。

⑧ 少成：从小养成的习惯。

● 青瓷瓶

译文

　　智力超群的人，不用教诲就能成才；智能低下的人，即使谆谆教诲也毫无用处；才智平庸的人，不教导就不明事理。在古代，贤明的君王有所谓胎教之法：王后怀胎三个月时，应当让其迁移到别的宫殿居住，目不邪视，耳不妄听；音乐、饮食按礼制加以节制。君王将胎教之法写在玉版上，藏在金柜里。太子在襁褓之中，太师、太保就阐明忠孝礼义，以此对他引导教育。平民百姓即使做不到这样，也应当在孩子的婴儿时期，刚刚懂得看人脸色、辨别人的喜怒的时候，就加以教诲。让他做什么，就得做什么；不让他做什么，就不能做什么。这样到了五六岁，就可以少受鞭笞的责罚。父母既威严又慈爱，子女才会畏惧谨慎从而产生孝心。我看世上有些父母，对子女不加以教诲，一味溺爱，常常做不到这一点。父母对孩子的饮食起居、言行举止过于迁就，任其为所欲为。应该训诫的，反而加以奖励；应该呵责的，反而一笑了之。孩子懂事以后，以为从前所作所为符合规范，骄横轻慢的习性已经养成，这时才去管教他们，即使将他们捶打鞭挞死，父母也难以树立威信。父母越来越忿怒，孩子对父母的怨恨也越来越深。这样的孩子长大以后，终将要败德破家。孔子说过："少年形成的性格，就会习惯成自然。"俗话又说："教育媳妇趁初来；教育孩子要赶早。"这话说得很对！

原文

凡人不能教子女者，亦非欲陷其罪恶；但重^①于诃怒伤其颜色，不忍楚^②挞惨其肌肤耳。当以疾病为谕，安得不用汤药针艾^③救之哉？又宜思勤督训者，可愿^④苟虐于骨肉乎？诚不得已也。

王大司马母魏夫人，性甚严正；王在溢城^⑤时，为三千人将，年逾四十，少不如意，犹捶挞之，故能成其勋业。梁元帝时，有一学士，聪敏有才，为父所宠，失于教义；一言之是，遍于行路^⑥，终年誉之；一行之非，掩^⑩藏文饰，冀其自改。年登婚宦^⑧，暴慢日滋，竟以言语不择，为周逖抽肠衅^⑨鼓云。

注释

① 重：难，不愿意。

② 楚：荆条，占时用作刑杖。这里是用刑杖打人的意思。

③ 艾叶：中医以艾叶熏灼人体以达到治疗目的。

④ 可愿：岂愿。

⑤ 溢（pén）城：也称溢口城，为溢水人长江处。

⑥ 行路：路人，陌生之人。

⑦ 掩（yǎn）：通掩，意即掩盖，遮蔽。

⑧ 婚宦：结婚为宦。借指成年。

⑨ 衅（xìn）：古代的一种祭祀仪式，用牲畜的血涂器物的缝隙。

译文

凡是不能很好教育子女的父母，也并非要让子女走向犯罪，只是难于下狠心呵责怒骂，怕伤了孩子的脸面；不忍心鞭挞，怕孩子受皮肉之苦。可是，比方说，一个人生病的时候，怎么能不用汤药针灸治病呢？又应该想想那些勤于督促训导孩子的父母，怎么会愿意苛责虐待自己的亲生骨肉呢？实在是不得已啊！

大司马王僧辩的母亲魏夫人，秉性严厉正直。王曾辩在溢城时，是

统率三千人的将领，年纪已过四十，但只要稍微不称魏老夫人的意，老夫人还要捶打鞭挞他。因此，他能成就一番功业。梁元帝时，有个学子很聪明很有才气，深得父亲的宠爱，有失教诲。一句话说对了，父亲就到处夸奖，整年地称赞他；一件事做错了，父亲就为他百般遮掩粉饰，指望他自己改正。他到了为学求官，成婚娶妻的年龄，一天比一天残暴傲慢。终因言语放肆，被周逖杀掉，还抽了肠子，血被涂在战鼓上了。

原文

父子之严，不可以狎；骨肉之爱，不可以简。简则慈孝不接，狎则怠慢生焉。由命士①以上，父子异宫，此不狎之道也；抑搔痒痛，悬衾箧枕②，此不简之教也。或问曰："陈亢喜闻君子之远其子，何谓也？"对曰："有是也。盖君子之不亲教其子也。《诗》有讽刺之辞，《礼》有嫌疑之诫，《书》有悖乱之事，《春秋》有衺僻③之讥，《易》有备物之象：皆非父子之可通言④，故不亲授耳。"

注释

① 命士：古代称读书做官者为士，命士指受有爵命的士。
② 悬衾箧枕：把被子捆好悬挂起来，把枕头放进箱子里。
③ 衺：通邪。
④ 通言：互相谈论。

译文

父子之间要有威严，对孩子不能过于亲昵；骨肉之间要亲爱，不能过于简慢。如果简慢的话，就做不到父慈子孝，如果过于亲昵，就会产生怠慢姑息之心。士大夫阶层以上的人，父子不住在一起，这是防止亲昵的办法；为父母按摩止痛止痒，铺床叠被，这是不简慢礼节的办法。有人问道："陈亢听说了孔子疏远儿子的事，感到高兴，这是为什么呢？"我回答说："是有这么回事。看来君子不亲自教育儿子，是由于《诗经》中有讽刺的言辞；《礼记》中有避嫌的告诫；《尚书》中记有背道淫乱的

事情；《春秋》中有对邪僻的讥讽；《周易》中有包容阴阳万物的象征。有关事情都是父子之间不宜谈论的，因而就不能亲自教授了。"

原文

齐武成帝子琅邪王，太子母弟也，生而聪慧，帝及后并笃爱之，衣服饮食，与东宫相准①。帝每面称之曰："此黠儿也，当有所成。"及太子即位，王居别宫，礼数②优僭，不与诸王等；太后犹谓不足，常以为言。年十许岁，骄恣无节，器服玩好，必拟乘舆③；常④朝南殿，见典御⑤进新冰，钩盾⑥献早李，还索不得，遂大怒，诟⑦曰："至尊已有，我何意无？"不知分齐⑧。率皆如此。识者多有叔段、州吁之讥⑨。后嫌宰相，遂矫诏斩之，又惧有救，乃勒麾下军士，防守殿门；既无反心，受劳而罢，后竟坐此幽薨⑩。

注释

① 东宫：太子所居之处，也代指太子。准，比照。

② 礼数：礼与数同义，指礼仪的级别。

③ 乘（shèng）舆：原指皇帝坐的车子，后用以代指皇帝。

④ 常：通"尝"。曾经。

⑤ 典御：古代主管帝王饮食的官员。

⑥ 钩盾：古代官署名，主管皇家园林等事项。

⑦ 诟（gòu）：通诟，骂。

⑧ 分齐：分寸、界限，本分定限的意思。

⑨ 叔段：春秋时郑庄公之弟。州吁：春秋时卫庄公之子。

⑩ 坐：触犯。薨（hōng）：周代诸侯死亡之统称。

译文

北齐武成帝的儿子琅邪王高俨，是太子的同母弟弟，他天资聪颖，武成帝和皇后都非常宠爱他。他的衣服饮食，与太子同一标准。武成帝常当面称赞他说："这孩子很聪明，会有所成就的。"等到太子继位，琅

邪王就移居于别的官殿，礼教格外优待，与诸王不同。皇太后还觉得不够，常常唠叨这件事。琅邪王十岁左右的时候，骄横放肆，毫无节制，器用服饰，珍奇玩物，一律要与当皇帝的哥哥比。他曾到南殿朝见，看见皇上的近侍典御、钩盾给皇帝进献新出的冰块、李子，回来索要不成，就大发脾气，怒骂道："皇帝都有了，凭什么我没有！"不知君臣的界限，遇事差不多都是这样。有识之人都讥讽他像共叔段、州吁一样不懂得君臣之礼。后来，琅邪王因嫌恶宰相，就假传圣旨杀掉宰相，又担心有人相救，于是命令手下军士防守殿门。他并无反叛之心，听了皇帝几句安慰的话就撤了兵。后来终于因此被幽禁而死。

原文

人之爱子，罕亦能均；自古及今，此弊多矣。贤俊者自可赏爱，顽鲁者亦当矜怜，有偏宠者，虽欲以厚之，更所以祸之。共叔①之死，母实为之。赵王之戮，父实使之。刘表之倾宗覆族，袁绍之地裂兵亡，可为灵龟明鉴②也。

注释

①共叔：即叔段，叔段逃亡至共，因称之为共叔段。

②灵龟明鉴：古人以龟壳占卜，以铜镜照形，故以此二物比喻可资借鉴的事物。

译文

人们疼爱自己的孩子，但少有能够一视同仁的，从古至今，这的弊病很多。聪慧漂亮的孩子固然值得赏识和爱惜，顽劣愚笨的儿子也应当予以同情与怜爱。有偏心的人，本想

● 洪州窑精致果盘

宠爱某个孩子，反倒因而害了他。共叔段之死，实际上是母后姜氏造成的；赵隐王如意的被杀，实际上是父皇刘邦造成的；刘表家族的覆灭，袁绍的兵败失地，都是由于偏爱孩子造成的。这些事例都可以作为灵龟明镜，为后人提供借鉴。

原文

齐朝有一士大夫，尝谓吾曰："我有一儿，年已十七，颇晓书疏①。教其鲜卑语及弹琵琶，稍欲通解，以此伏②事公卿，无不宠爱，亦要事也。"吾时俛③而不答。异哉，此人之教子也！若由此业，自致④卿相，亦不愿汝曹为之。

注释

①书疏：此指文书信函等的书写工作。

②伏：通"服"。

③俛：同"俯"。

④致：到。

译文

北齐有一位士大夫曾经对我说："我有一个儿子，已经十七岁了，很懂得书写记事，教他鲜卑语和弹琵琶，也快要学会了。用这些本领服侍公卿大夫，没有人不宠爱他。这也是一件紧要的事啊！"我当时低头不语。这位士大夫教育儿子的方法，真让人惊讶！如果像这样取媚于人，即便能官至宰相，我也不愿意你们这样做。

第三篇 兄 弟

本篇谈兄弟关系。作者对此给予了特别的重视，认为兄弟乃一母所生，有共同的血缘关系（分形连气），从小在一起生活、学习、玩耍，关

系密切，理应互相友爱，特别是当弟弟的应该像对父亲那样敬事兄长。对于兄弟各自娶妻成家后就关系逐渐疏远的现象则颇有微词。作者从正反两方面举例说明了自己的上述观点，应该说是有其积极意义的。但值得注意的是，作者在对兄弟关系表示出特别重视的同时，却对夫妇关系表示出令人惊讶的漠视态度，甚至认为是夫妇关系削弱了兄弟之情，应该像提防雀、鼠、风、雨对房屋的侵蚀那样去提防妻妾僮仆对兄弟关系的破坏，这明显地表现出作者歧视妇女的观念。

原文

夫有人民而后有夫妇，有夫妇而后有父子，有父子而后有兄弟：一家之亲，此三而已矣。自兹以往，至于九族①，皆本于三亲焉。故于人伦为重者也，不可不笃。兄弟者，分形连气②之人也，方其幼也，父母左提右挈，前襟后裾，食则同案③，衣则传服④，学则连业⑤，游则共方，虽有悖乱之人，不能不相爱也。及其壮也，各妻其妻，各子其子，虽有笃厚之人，不能不少衰也。娣姒⑥之比兄弟，则疏薄矣；今使疏薄之人，而节量亲厚之恩，犹方底而圆盖，必不合矣。惟友悌⑦深至，不为旁人⑧之所移者，免夫！

注释

①九族：指本身以上的父、祖、曾祖、高祖和以下的子、孙、曾孙、玄孙。也以父族四、母族三、妻族二为"九族"。

②分形连气：形体各别，气息相通。形容关系密切。

③案：古代一种放食器的盘。

④传服：指大的孩子用过的衣服留给小的孩子穿。

⑤业：书写经典的大版这里引申为书本。连业：哥哥用过的经籍，弟弟又接着使用。

⑥娣姒（dì sì）：兄弟之妻互称，即"妯娌"。

⑦友：兄弟相亲爱。悌：敬爱兄长。

⑧旁人：局外的人，此指妻子。

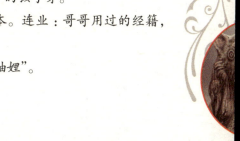

译文

有了人类而后有夫妇，有了夫妇而后有父子，有了父子而后有兄弟。一家中的亲人就是这三种关系，由此延伸，直至九族的亲属，都源于这"三亲"关系，因此在人伦中，这三亲最为重要，不能轻慢这种亲情。兄弟之间，形体不同，而气血相通。当他们年幼时，父母左手拉着哥哥，右手牵着弟弟；哥哥拉着父母的衣襟，弟弟牵着父母的衣裙；兄弟在一张桌子上吃饭，在一个地方游玩；哥哥穿过的衣服传给弟弟，哥哥读过的书留给弟弟。即使有违逆愚顽的行为，也能相亲相爱。弟兄们长大之后，各自爱着自己的妻子和儿女，即使有忠实厚道的品行，兄弟之情也不能不有所减弱。妯娌之情与兄弟之情相比，就淡薄多了。现在让感情淡薄的人来制约兄弟间浓厚的亲情，就好像容器方底配上圆盖，一定是合不拢的。只有兄弟之情深切恳至，不让外人有所转移，才能避免啊！

原文

二亲既殁①，兄弟相顾，当如形之与影，声之与响；爱先人之遗体②，惜己身之分气③，非兄弟何念④哉？兄弟之际，异于他人，望深则易怨，地亲则易弭。譬犹居室，一穴则塞之，一隙则涂之，则无颓毁之虑；如雀鼠之不恤，风雨之不防，壁陷楹⑤沦，无可救矣。仆妾之为雀鼠，妻子之为风雨，甚哉！

注释

① 殁（mò）：死。

② 先人：指已死亡的父母。遗体：古人称自己的身子为父母的遗体。

③ 分气：分得父母的血气。

④ 念：爱怜。

⑤ 楹：厅堂前的柱子。沦：没落，这里指摧折。

译文

双亲去世后，兄弟应该互相照应，应当像身体与影子，声音与回响一样。爱惜父母留下的躯体，爱惜与自己气血相通的兄弟。兄弟之外，还有谁值得如此惦念呢？兄弟之间，有别于他人，彼此期望过高，因而容易产生不满。但关系亲近，不满也容易消除。就好像住房一样，破了一个洞，就及时堵塞；裂了一条缝，就及时封住；这样就不必担心房子倒塌。如果不提防雀鼠的侵蚀，不防备风雨的摧残；那么墙壁就会倒塌，房梁就会毁坏，就无法再补救了。侍妾好像雀鼠，妻子好像风雨，多可怕呀！

原文

兄弟不睦，则子侄不爱；子侄不爱，则群从疏薄；群从^①疏薄，则僮仆为仇敌矣。如此，则行路皆踏其面而蹈^②其心，谁救之哉！人或交天下之士，皆有欢爱，而失敬于兄者，何其能多而不能少也！人或将数万之师，得其死力，而失恩于弟者，何其能疏而不能亲也！

注释

①群从：与"子侄"同辈的族中子弟。

②踏（jí）：践踏。蹈：踩。

译文

兄弟不和睦，侄子之间就不会互相爱护；侄子之间不互相爱护，家族中的子弟就疏远淡漠；家族中的子弟疏远淡漠，那么仆役之间也互相视为仇敌。这样的话，若是遇到外人的欺侮，谁又会来相救呢？有的人结交天

● 塑盘口瓶

下之士，与他们都友好相处，关系融洽，却不能尊重兄长。为什么能够亲近那么多人却不能尊重兄长呢！有的人能率领几万军队，赢得将士的心，使将士为他卖力；却对弟弟无情无义。为什么能够亲善疏远的人却不能亲近弟弟呢！

原文

娣姒者，多争之地也，使骨肉①居之，亦不若各归四海，感霜露而相思，伫日月之相望也。况以行路之人，处多争之地，能无间②者，鲜矣。所以然者，以其当公务③而执私情，处重责而坏薄义也；若能恕己④而行，换子而抚，则此患不生矣。

注释

①骨肉：此指妯娌为同胞姐妹关系而言。

②间：隔阂，疏远。

③公务：此指兄弟居住在一起的大家庭内部的集体事务。

④恕己：用宽恕自己的态度去对待别人，这里指扩充自己的仁爱之心。

译文

妯娌之间，是很容易产生纠纷的，即使是同胞姐妹，让她们成为妯娌住在一起，也不如让她们远嫁各地，这样，她们反而会因感受霜露的降临而互相思念，仰观日月的运行而遥相盼望。何况妯娌本是陌路之人，处在容易闹纠纷的环境里，互相之间能够不产生嫌隙的，就太少了。之所以会这样，是因为大家面对家庭中的集体事务时却出以私情，肩负重大的家庭责任却心怀个人的区区恩义。如果她们能够本着仁爱之心行事，把别人的孩子当成自己的孩子加以爱抚，则这种弊端就不会产生了。

原文

　　人之事兄，不可①同于事父，何怨爱弟不及爱子乎？是反照而不明也，沛国刘琎尝与兄瓛连栋隔壁，瓛呼之数声不应，良久方答；瓛怪问之，及曰："向来②未着衣帽故也。"以此事兄，可以免矣。

注释

　　①可：肯。
　　②向来：刚才。

译文

　　有的人侍奉兄长，不肯同侍奉父亲一样，为什么却要埋怨兄长怜爱弟弟不如怜爱儿子呢？这是由于不能清醒地将心比心造成的。沛国的刘琎曾经与兄刘瓛隔壁而住，刘叫他好几声，他没有应声，过了一会儿才回答。刘瓛感到奇怪，就问他，他说："刚才没有穿戴整齐。"像这样敬奉兄长，就不必担心哥哥对自己的情义了。

原文

　　江陵王玄绍，弟孝英、子敏，兄弟三人，特相友爱，所得甘旨新异，非共聚食，必不先尝，孜孜色貌，相见如不足者。及西台①陷没，玄绍以形体魁梧，为兵所围，二弟争共抱持，各求代死，终不得解。遂并命②尔。

注释

　　①西台：指江陵。
　　②并命：相从而死。

译文

　　江陵的王玄绍、弟弟王孝英、王子敏，兄弟三人，非常友爱。得到

美味新奇的食物，兄弟三人如果不聚在一起共享，绝对没有人先去品尝。他们勤勉尽力，互相尊敬，相见时还都觉得自己做得自己很不够。后来西台被攻陷，王玄绍因体态魁梧，被敌兵包围。两个弟弟争着保护他，都要替他去死，最终无法解救，便与兄长一同殉难。

第四篇 后娶

此篇谈后娶之害。作者告诫子孙，对续弦之事要特别慎重。他认为娶了后妻后，往往造成父子骨肉关系遭离间，造成前妻小孩被虐待。令今天的读者惊讶的是，作者虽然对续弦不以为然，却不反对纳妾。他说，江南地区人家"不讳庶孽"，在妻子死后，一般由妾来当家，"限以大分，故稀斗阋之耻"，而河北地区人家"鄙于侧出"，妻子死后必须续弦，导致家庭产生许多尖锐矛盾。作者又分析后妻往往虐待前妻之子的原因，是因为前妻之子的地位高于后妻之子，"宦学婚嫁，莫不为防焉，故虐之。"作者在此篇中的叙述和议论，表现出他对妇女的歧视态度，这与《兄弟》篇中所持之论如出一辙，而我们正可通过作者的这种态度，窥见那个时代的种种畸形现象。

原文

吉甫，贤父也，伯奇，孝子也，以贤父御孝子，合得终于天性[1]，而后妻间之，伯奇遂放，曾参妇死，谓其子曰："吾不及吉甫，汝不及伯奇。"王骏丧妻，亦谓人曰："我不及曾参、子不如华、元"。[2]并终身不娶，

● 罐子

此等足以为诫。其后，假继③渗虐孤遗。离间骨肉，伤心断肠者，何可胜数。慎之哉！慎之哉！

注释

① 天性：天命，指人的自然寿命。

② 曾参：即曾子，春秋时鲁国人，字子舆，孔子的弟子。以孝著称。华、元：即曾参的两个儿子。

③ 假继：继母。

译文

尹吉甫是位贤明的父亲，尹伯奇是位孝顺的儿子。贤公孝子应该享尽天伦之乐，然而由于后妻挑拨离间，尹伯奇被父亲轰出家门。曾参丧妻之后，就对儿子说："我不如尹吉甫贤良，你不如尹伯奇孝顺。"王骏丧妻后也对别人说："我不如曾参贤良，我儿子不如曾参的儿子曾华、曾元孝顺。"曾参、王骏都终身不再娶妻。这些事例值得借鉴。后母残酷虐待前妻的孩子，离间父子关系，这种令人伤心断肠的事，数不胜数。要小心啊！要千万小心！

原文

江左不讳庶孽①，丧室之后，多以妾媵②终家事；疥癣蚊虻③，或未能免，限以大分④，故稀斗阋之耻。河北鄙于侧出⑤，不预人流⑥，是以必须重娶，至于三四，母年有少于子者。后母之弟，与前妇之兄，衣服饮食，爰及婚宦，至于士庶⑦贵贱之隔，俗以为常，身没之后，辞讼盈公门，谤辱彰道路，子诬母为妾⑧，弟黜兄为佣⑨，播扬先人之辞迹⑩，暴露祖考之长短⑪，以求直己者，往往而有，悲夫！自古奸臣佞妾，以一言陷人者众矣！况夫妇之义，晓夕移之，俾仆求容，助相说引⑫，积年累月，安有孝子乎？此不可不畏。

注释

①江左：长江下游以东地区。庶孽：封建社会称妾所生子女为庶孽。

②妾媵（yìng）：正妻以外的婢妾的通称。终：结束。这里是继续管下去的意思。

③虿：有害小虫。

④大分：名分。

⑤河北：黄河以北地区。侧出：妾所生的子女。

⑥人流：有身份者的行列。

⑦士庶：士族和庶族。

⑧子：此指前妻之子。母：此指后母。

⑨弟：指后母之子。兄：指前妻之子。

⑩辞迹：言语，行迹。此句指传扬先辈隐私。

⑪考：指已去世的父亲。祖考：指已去世的祖先。

⑫引：诱引。

译文

　　江东的人不嫌弃小妾生的孩子，而妻子死后，多让小妾主持家务。虽然家中鸡毛蒜皮的小纠纷或许难免，但由于母子名分这一根本区别，所以很少有兄弟内讧的家门之耻。北方人鄙视妾生之子，这些孩子没有社会地位，因而丧妻后必须重新娶妻。以至有人先后娶了三四次。有的后母比前妻的儿子还年轻。后母生的弟弟与前妻生的哥哥，在衣服饮食，婚娶求官等方面，竟至于有像士大夫与庶民一样的贵贱之分，世俗都对这些习以为常。父亲死后，家庭内部的诉讼就闹到了公堂，彼此互相诽谤污辱。儿子诬蔑后母是小妾，弟弟贬斥异母哥哥为佣人；散播亡父的坏话，暴露祖先的短处，以此为自己辩解。这样的事处处都有。真是可悲啊！自古以来奸诈的臣子，谄媚的小妾，用一句话将人害惨的事太多太多了。何况凭夫妻的情义，妻子早早晚晚向丈夫进谗言、离间父子关系，侍仆为了求得收留，也加油添醋，捕风捉影。这样长年累月，

怎么会有孝子呢？这不能不让人害怕啊！

原文

凡庸之性，后夫多宠前夫之孤，后妻必虐前妻之子；非唯妇人怀嫉妒之情，丈夫有沈惑之僻①，亦事势使之然也。前夫之孤，不敢与我子争家，提携鞠养，积习生爱，故宠之；前妻之子，每居己生之上，宦学②婚嫁，莫不为防焉。故虐之。异姓③宠则父母被怨。继亲虐则兄弟为仇，家有此者，皆门户之祸也。

注释

① 沈惑：溺于所爱而不明。僻：邪僻背理。
② 宦学：宦指学习仕官之事；学指学习《六经》之事。
③ 异姓：前夫之子。因其用前夫之姓，故称异姓。

译文

一般人的秉性，后夫大多宠爱前夫的儿子，后妻必定虐待前妻的儿子。这并非只是妇人生性嫉妒，男人头脑糊涂的缘故；这也是事物的情势使他们这样做的啊。前夫的儿子，不敢与自己的儿子争夺家业，尽心抚养他，天长日久，自然会产生父子之情，因此后夫宠爱前夫之子。至于前妻的儿子，地位总在自己的儿子之上，在为学求官，婚姻嫁娶等方面，没有一样不须提防的，因此后母虐待他。异性的儿子受宠，亲生的儿子就怨恨父亲；后

● 青瓷长颈瓶

母虐待前妻的儿子，兄弟之间就互为仇敌。家中存在这类情况，都是家族的祸患啊！

原文

思鲁等从舅①殷外臣，博达之士也，有子基、谌，皆已成立，而再娶王氏。基每拜见后母，感慕②呜咽，不能自持，家人莫忍仰视。王亦凄怆，不知所容，旬月求退，便以礼遣③，此亦悔事也。

注释

① 思鲁：颜之推长子名。从舅：母亲的堂兄弟。
② 感慕：思念。此指对死者的哀念。
③ 礼遣：按礼节送回娘家。

译文

颜思鲁的堂舅殷外臣，是博学通达之士。儿子殷基谌都已娶妻生子，而殷外臣续娶王氏为妻。殷基谌每次拜见后母，都会难过地失声哭泣，以至无法控制自己，家里的人都不忍心抬头看他。王氏也很悲伤，不知如何自处。不到一个月就请求离去，殷外臣就按礼节将她送走了。这也是一件令人遗憾的事。

原文

《后汉书》曰："安帝时，汝南薛包孟尝，好学笃行，丧母，以至孝闻。及父娶后妻而憎包，分出之，包日夜号泣，不能去，至被殴杖。不得已，庐于舍外，且入而洒埽①。父怒，又遂之。乃庐于里门②，昏晨不废。积岁余，父母惭而还之。后行六年服，丧过乎哀③，既而弟子求分财异居，包不能止，及中分其财；奴婢引④其老者，曰'与我共事久，若不能使也。'田庐取其荒顿⑤者，曰：'吾少时所理⑥，意所恋也'。器物取其朽败者，曰：'我素所服⑦食，身口所安也。'弟子数破其产，还复赈给，建光中，公车⑧特征，至拜侍中，包性恬虚，称疾不起，以死

自乞，有诏赐告⑨归也。"

注释

① 埽：同"扫"。

② 里门：乡里之门。古以25家为里。

③ 后行六年服，丧过乎哀：封建社会，父母死，子女应穿三年丧服尽孝，薛包却穿了六年服，所以说"丧过乎哀"。

④ 引：取，要。

⑤ 荒顿：荒废。

⑥ 理：此处作"治"解。

⑦ 服：用。

⑧ 公车：汉代官署名。臣民上书和征召，都由公车接待。

⑨ 赐告：汉制。官吏病满三月当免，天子优赐其保留官职，回家养病，称赐告。

译文

　　《后汉书》记载：汉安帝的时候，汝南有个人叫薛包，字孟尝。谦虚好学，秉性纯厚。母亲死后，他因为极尽孝道而闻名。薛的父亲娶了后妻后就憎恶他，将他分出去另过。薛包日夜哭泣，不肯离开，以至惨遭毒打，不得已，只好在屋外搭了草棚栖身，天一亮就回家打扫庭院。父亲大怒，又来赶他出门，他就在里门外搭个茅屋暂住，但从不忘每天早晚回家向父母请安。一年多以后，父母感到羞愧，就让他搬回家过。后来他为父母守孝六年，服孝期间万分悲痛，父母死后不久，弟弟要求分财产分开过，薛包无法劝止，就将财产平分：奴仆，他要的是年老的，他说："这些奴仆和我相处的时间很长。你不习惯使唤他们。"田地房屋，他要的是荒芜破败的，他说："这些是我从小所熟悉的，对它们很留恋。"器具，他要的是破旧的，他说："这些器物是我平时常用的，已经用惯了。"后来他的弟弟几次把自己的那份家产破败了，薛包还反过来接济弟弟。建光年间，朝廷优礼征召他，并授予侍中的官职；薛包生性

恬淡，借口有病不肯就职，以死乞回。皇帝下诏准许他"赐告"还乡。

第五篇　治　家

　　此篇谈治家的种种注意事项。作者认为，要治理好一个家庭，首先要注意以身作则：父慈而后子孝，兄友而后弟恭，夫义而后妇顺。治家如治国，不能没有章法，"笞怒废于家，则竖子之过立见"，但要注意宽严适度，否则就可能走向反面。作者强调治家要躬俭节用，但如果亲友有困难，就应该尽力相助，毫不吝惜，他举裴子野和"邺下领军"作为正反两方面的例子，说明"施而不奢，俭而不吝"的道理。以上思想对于我们今天处理家庭关系具有借鉴作用。此外，作者主张男女婚配要注重选择清白的配偶，反对买卖婚姻；强调要爱护书籍；反对巫婆神汉跳神弄鬼、道士画符弄法等迷信活动，这些都是值得肯定的。但是，作者在此篇中，一如他在《兄弟》、《后娶》两篇中一样，表现了根深蒂固的岐视妇女的思想。他认为妇女在家庭中的作用，不过是操办酒食衣服，不可让她们主持家政，应酬交际；他把生养女儿过多视为家庭的一大灾难。当然，作者是反对弃杀女婴的。他记述自己的一位"疏亲"，在家中姬妾临产时，即派人窥视，发现产下女婴，立即抱走弃杀，当母亲的追随其后，号啕痛哭。这种惨绝人寰的场面，至今读来，犹觉怵目惊心。

原文

　　夫风化者，自上而行于下者也，自先而施于后者也，是以父不慈则子不孝，兄不友则弟不恭，夫不义则妇不顺矣。父慈而子逆，兄友而弟傲，夫义而妇陵①，则天之凶民，乃刑戮之所摄②，非训导之所移也。

注释

　　① 陵：通"凌"，欺侮。
　　② 摄：通"慑"，使人畏惧。

译文

　　风俗教化，是由上面先实行，然后让下面效仿；是自己先带头，而后让别人实施。因此，父亲不慈爱，儿子就不孝顺；兄长不友爱，弟弟就不恭敬；丈夫不仁义，妻子就不会和顺。如果父亲慈爱而儿子乖逆；兄长友爱而弟弟傲慢；丈夫仁义而妻子骄横，那么，这些人就是天生的凶民，只能用刑罚制服他们，不是训诫诱导所能改变得了的。

原文

　　笞怒废于家，则竖子之过立见；刑罚不中，则民无所措①手足。治家之宽猛，亦犹国焉。

注释

　　①中（zhòng）：合适。措：安入。

译文

　　家里废弃了鞭笞的惩罚，子女就会很容易犯错误；刑罚不适当，百

● 狗形瓷枕

姓就会不知如何是好。治理一个家庭也要宽大与严厉相结合，就像治理国家一样。

原文

孔子曰："奢则不孙，俭则固①；与其不孙也，宁固。"又云："如有周公之才之美，使骄且吝，其余不足观也已。"然则可俭而不可吝己。俭者，省约为礼之谓也；吝者，穷急不恤②之谓也。今有施则奢，俭则吝；如能施而不奢，俭而不吝，可矣。

注释

① 孙：同"逊"恭顺。固：鄙陋。
② 恤：救助、周济。

译文

孔子说："奢侈就会骄纵无礼，省俭就会显得寒伧。与其骄纵无礼，宁可寒伧。"孔子又说道："假如有周公那样的杰出才能，只要骄纵而且

● 陶人俑

吝啬，别的方面也就不值一看了。"这么说来，为人应该省俭而不应该吝啬。省俭是指节约用度又符合礼节；吝啬是指对穷困急难的人也不关照周济。现在有的人施舍时过于奢侈，省俭时又过于吝啬。如果能做到施舍而不奢侈，省俭而不吝啬，那就可以了！

原文

生民之本，要当稼穑①而食，桑麻以衣，蔬果之畜，园场之所产；鸡豚之善②，埘圈之所生③。爰及栋宇器械，樵苏④脂烛，莫非种殖之物也。至能守其业者，闭门而为生之具以足，但家无盐井耳⑤。今北土风俗，率能躬俭节用，以赡衣食；江南奢侈，多不逮焉。

注释

① 稼：播种谷物。穑（sè）：收获谷物。

② 善：通"膳"饮食。

③ 埘（shí）：墙壁上挖洞做成的鸡窠。

④ 樵苏：做燃料用的柴草。

⑤ 左思：《蜀都赋》："家有盐泉之井。"

译文

百姓生存的根本，关键在于种植五谷桑麻，获取衣食。蔬菜果品的聚积，来源于果园菜圃的种植；鸡肉、猪肉等佳肴，来源于鸡窝猪圈的饲养。至于房屋器具，柴火脂烛，这些东西没有一样不是耕种养殖生产出来的。如果能守住家业，即使闭门不出，维持生计的必需品也备齐了，仅是家中没有盐井而已。如今北方的风俗，大都能勤俭节约，以保障衣食之用；江南的风俗奢侈浪费，大多不能达到这种程度。

原文

梁孝元世，有中书舍人①，治家失度，而过严刻。妻妾遂共货刺客，伺醉而杀之。世间名士，但务宽仁；至于饮食饷馈，僮仆减损，施

惠然诺②，妻子节量，狎侮宾客，侵耗乡党：此亦为家之巨蠹③矣。

齐使部侍郎房文烈。未尝嗔怒，经霖雨绝粮④，遣婢籴米，因尔逃窜，三四许日，方复擒之。房徐曰："举家无食，汝何处来？"竟无捶挞。尝寄人宅⑤，奴婢彻屋⑥为薪略尽，闻之颦蹙⑦，卒无一言。

注释

① 中书舍人：官名，为中书省属官，任起草诏令之职，参与机密，权力甚重。

② 然诺：应允之辞。

③ 蠹（dù）：本指蛀虫，引申为害家庭的人或事。

④ 霖雨：连绵大雨。

⑤ 寄人宅：以宅寄人。

⑥ 彻：通"撤"，意为拆毁。

⑦ 颦蹙（pín cù）：皱眉蹙额，不快乐的样子。

译文

梁元帝时，有一位中书舍人，治家没有把握好分寸，过于严厉苛刻。他的妻妾就合伙买通刺客，趁他酒醉时将他杀害。

世上的名士。只是一味地追求所谓的宽厚仁爱，以至于连仆人也敢苛扣馈赠的食品，施舍给人的东西，答应给人办的，也会遭到妻妾的七折八扣，妻妾还竟然戏弄轻侮客人，侵害邻里乡亲。这种情况也是家中的一大弊害啊！

北齐吏部侍郎房文烈，从不生气发怒。有一次因连遭大雨，家中断粮，他叫奴仆去买米，奴仆趁机逃跑，过了三四天，才被抓到。房文烈语气和缓地问道："全家都没粮食吃了，你到哪儿去了？"居然没有捶打鞭挞一下奴仆的意思。房文烈曾将房子借给一个人居住，这个人的奴仆拆了房子当柴烧，都快拆光了。房文烈听到这件事，只是皱了皱眉头，始终没吭过一声。

原文

裴子野有疏亲故属饥寒不能自济者[1]，皆收养之；家素清贫，时逢水旱，二石米为薄粥，仅得遍焉，躬自同之，常无厌色。邺下有一领军；贪积已甚，家僮八百，誓满一千；朝夕每人肴膳，以十五钱为率，遇有客旅，更无以兼，后坐事伏法，籍其家产，麻鞋一屋，弊衣数库，其余财宝，不可胜言。南阳有人，为生奥博[2]，性殊俭吝，冬至后女婿谒之，乃设一铜瓯[3]

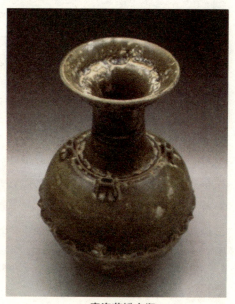

● 青瓷莲瓣大瓶

酒，数脔[4]獐肉；婿恨其单率，一举尽之。主人愕然，俯仰[5]命益，如此者再。退而责其女曰："某郎好酒，故汝常[6]贫。"及其死后，诸子争财，兄遂杀弟。

注释

① 裴子野：南朝梁人，以行孝著称。
② 奥博：指深藏广蓄，积累厚。
③ 瓯（ōu）：盛酒器。
④ 脔（luán）：切成块的肉。
⑤ 俯仰：周旋，应付。
⑥ 郎：六朝人呼婿为郎。常：长。

译文

裴子野将远亲旧属中挨饿受冻无力自救的人，全都收养起来。他家中一向清贫，当时正遇上旱涝灾害，他就用二石米熬成稀粥，每人只能

分到一点，裴子野也只能喝一点粥，他从不流露出厌烦的神色。邺城有一位领军，贪得无厌，积累了很多家产，光仆人就有八百多人，他发誓要达到一千人。家中每人一天的伙食费只有十五钱的标准，遇到来客人，也并不另外加钱。后来他犯罪被法办，在抄没登记其财产时，光是麻鞋就有一屋子，破衣服堆满了几个仓库，其他贵重的东西，说也说不完。南阳有个人，家业富足，生性特别省俭吝啬。冬至的时候，女婿前来拜见他，他只摆了一小铜壶的酒，几块獐肉招待女婿。女婿对他的怠慢很不满意，一下子就将酒肉吃光，这位南阳人非常惊讶，勉强又叫人添酒加菜，前后添了两次。吃罢退下来时，就斥责女儿说："你丈夫贪怀好酒，怪不得你总是很寒酸。"等到他死后，几个儿子争夺财产，结果哥哥把弟弟杀死了。

原文

妇主中馈①，惟事酒食衣服之礼耳，国不可使预政，家不可使干蛊②。如有聪明才智，识达古今，正当辅佐君子③，助其不足，必无牝鸡④晨鸣，以致祸也。

江东妇女，略无交游，其婚姻之家，或十数年间，未相识者，惟以

● 辟雍砚

信命赠遗，致殷勤焉。邺下风俗，专以妇持门户⑤，争讼曲直，造请逢迎。车乘填街衢，绮罗盈府寺，代子求官，为夫诉屈。此乃恒、代之遗风乎？南间贫素，皆事外饰，车乘衣服，必贵整齐；家人妻子，不免饥寒。河北人事⑥，多由内政，绮罗金翠，不可废阙，羸马悴奴，仅充而已；倡合⑦之礼；或尔汝⑧之。

河北妇人，织纴组紃⑨之事，黼黻⑩锦绣罗绮之工，大优于江东也。

注释

① 中馈：指妇女在家中主持饮食等事。

② 干蛊（gǔ）：这里特指妇女主持家政。

③ 君子：古时妻子对丈夫的敬称。

④ 牝鸡：母鸡。

⑤ 持门户：当家的意思。

⑥ 人事：交际应酬。

⑦ 倡合：夫唱妇随。

⑧ 尔汝：指夫妻间互相轻贱。

⑨ 织纴组紃：纴为缯帛；组为用丝织成具有纹彩的丝带；为丝织成像绳的带子。

⑩ 黼黻（fǔ fú）：古代礼服上所绣的花纹。

译文

妇人主持家务，只是负责做饭、酿酒、缝制衣服而已。不能让妇人参与国政，不能让妇人干预家中大事。她们倘若具备聪明才智，博古通今，应当辅佐丈夫，弥补丈夫的不足。一定不要有"母鸡报晓"的事，以免招致灾祸。

江东妇女，几乎很少与人交往，就连亲家之间，有的也十几年不亲自来往。只是派人赠送礼物，代为问候，以此表达亲情。邺城的风俗，全靠妇女当家做主，为辩曲直，诉讼公堂；请客送礼，逢迎达官。乘马车的妇女填街塞巷，穿绸着缎的妇女挤满大街。无非是替儿子求官，为

丈夫鸣冤。这是恒州、代郡的北魏遗风吧？南方即使是穷人家，也都很讲究排场，车马衣服，一定要整齐；因而家中的妻子儿女难免要挨饿受冻。北方大多数由妇女当家，绫罗绸缎，金银珠宝，都是她们不可缺少的东西，而家中马匹瘦弱不堪，奴仆面黄肌瘦，仅仅是充数而已。连夫妻之间也没有夫唱妇随之礼，互相轻贱。

河北一带的妇女，有纺棉织布的本领，有织锦绣花的功夫，比江东妇女强多了。

原文

太公①曰："养女太多，一费也。"陈蕃曰："盗不过五女之门。"女之为累，亦以深矣。然天生蒸②民，先人传体，其如之何？世人多不举女，贼行骨肉，岂当如此，而望福于天乎？吾有疏亲，家饶妓媵，诞育将及，便遣阍竖③守之。体有不安，窥窗倚户，若生女者，辄持将去④；母随号泣，使人不忍闻也。

注释

① 太公：姜太公，即吕尚。

② 蒸：众多。

③ 阍（hūn）竖：守门人。

④ 持：抱。持将去，指抱走杀害。

译文

太公说："女儿养得太多，是一种浪费。"陈蕃说："养有五个女儿，强盗也不进家门。"可见抚

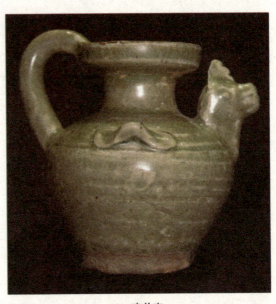

● 鸡首壶

养女儿带来拖累也太深重了。然而生男生女取决于天意，女儿也是父母的亲生骨肉，有什么办法呢？世上的人也是多不愿意养育女儿，生了女儿就随意杀害。怎能这么做呢？这么做还能指望上天赐福吗？我有一个远亲，家里有许多姬妾，她们中有谁快要生小孩时，他就派仆人守门。临近分娩，仆人就从窗户里窥探，靠在门边等待。如果生下来的是女儿，就抱走扔掉，没人敢来救援，女孩母亲随即大声哭喊，使人不忍心听下去。

原文

　　妇人之性，率宠子婿而虐儿妇[1]。宠婿，则兄弟[2]之怨生焉；虐妇，则姊妹[3]之谗行焉。然则女之行留[4]，皆得罪于其家者，母实为之。至有谚云："落索[5]阿姑餐。"此其相报也。家之常弊，可不诫哉！

注释

　　[1] 妇：媳妇。
　　[2] 兄弟：指女儿的兄弟。
　　[3] 姊妹：指儿子的姊妹。
　　[4] 行：指女儿出嫁。留：指儿子娶媳妇。
　　[5] 落索：冷落萧索。阿姑：婆婆。

译文

　　妇人的秉性，大都是宠爱女婿而虐待儿媳。宠爱女婿，自己的儿子就会产生怨恨；虐待儿媳，自己的女儿就会趁机进谗言。儿媳不管怎么努力，都无法讨婆家人的欢心，这实际上是当婆婆的造成的。以至有句谚语讲道："婆婆吃顿饭都要受冷落。"这是报应啊！这是家中常有的弊病，要引以为戒啊！

原文

　　婚姻素对[1]，靖侯[2]成规。近世嫁娶。遂有卖女纳财，买妇输绢，

比量父祖，计较锱铢③，责多还少，市井无异。或猥婿在门，或傲妇擅室④，贪荣求利，反招羞耻，可不慎欤！

注释

① 素对：清寒的配偶。素，寒素。

② 靖侯：即颜之推九世祖颜含死后加封的称号。

③ 锱铢：均为古代很小的计量单位。比喻微小的事物。

④ 擅：独揽。

译文

婚姻嫁娶，要清白对当，这是先祖靖侯立下的规矩。近来婚姻嫁娶，就有将女儿嫁出去而获得钱财，为娶媳妇而馈送厚礼。互相攀比家势，斤斤计较，总想多索取，少付出，与做买卖没什么两样。有的人将女儿嫁给猥琐的女婿；有的人娶了骄横的媳妇，为贪图虚荣，谋取财物，反而招来羞耻。不能不慎重啊！

原文

借人典籍，皆须爱护，先有缺坏，就为补治，此亦士大夫百行①之一也。济阳②江禄，读书未竟，虽有急速，必待卷束③整齐，然后得起，故无损败，人不厌其求假焉。或有狼籍几案，分散部④帙，多为童幼婢妾之所点⑤污，风雨虫鼠之所毁伤，实为累德。吾每读圣人之书，未尝不肃敬对之；其故纸有《五经》词义，及贤达姓名，不敢秽用⑥也。

● 青瓷灯台

颜氏家训

　　①百行：封建社会士大夫所订立身行己之道，共有百事，称之为百行。

　　②济阳：县名，在今河南兰考县境内。

　　③卷束：南北朝时，书籍是抄写在绢帛上，然后卷成一束，收藏，称之为书卷。

　　④部：古代书籍按内容分为若干门类称部，引申后称一种书为一部书。帙：古人用以装书卷的书套。

　　⑤点：通"玷"。

　　⑥秽用：指把书卷用于覆瓿，糊窗等之用。

译文

　　借别人的书籍，都应该加以爱护。借来的书如果原有破损，就予以修补，这也是士大夫应该做的百事中的一件。济阳有个人叫张禄，如果书还没有读完，即使突然遇到急事，他必定将书卷整理妥当，然后才起身。所以他看过的书都完好无损，人们都不讨厌他来借书，有的人将借来的书乱七八糟地堆在书桌上，书和书套四处散落，常被小孩、侍妾、婢女弄脏，被风雨虫鼠毁坏。这样做实在是很不道德。我每次读圣人的书籍，从来都是恭恭敬敬。如果旧纸片上有五经词句和圣贤名人的姓名，可不敢拿去胡乱使用。

原文

　　吾家巫觋祷请①，绝于言议；符书章醮②，亦无祈焉，并汝曹所见也。勿为妖妄之费。

注释

　　①巫觋：男女巫的合称。祷请：向鬼神祈祷请求。

　　②符书：旧时道士用来驱鬼召神或治病延年的神秘文书。

③ 章醮：道士消灾之法。

译文

　　我们家从来不谈论请巫婆、神汉求福免灾之类的事；也不请道士设坛醮祭。求符驱鬼。这些都是你们所亲眼看到的。不要为这些装神弄鬼的虚妄之事花冤枉钱。

卷第二

风操　慕贤

第六篇　风操

吾观《礼经》，圣人之教，箕帚匕箸①，咳唾唯诺，执烛沃盥②，皆有节文③，亦为至矣。但既残缺，非复全书；其有所不载，及世事变改者，学达君子，自为节度，相承行之，故世号士大夫风操。而家门颇有不同，所见互称长短；然其阡陌④，亦自可知。昔在江南，目能视而见之，耳能听而闻之；蓬生麻中，不劳翰墨⑤。汝曹生于戎马之间，视听之所不晓，故聊记录，以传示子孙。

注释

① 箕帚：粪箕和扫帚。匕箸：匙和筷。

② 沃盥（guàn）：洗手。

③ 节文：节制修饰。

④ 阡陌：本意为田间小路。这里指途径的意思。

④ 翰墨：可能是毛墨之误。

译文

　　我看《礼经》上讲的都是圣人的教诲：在长辈面前如何使用簸箕扫帚，如何使用勺筷，如何应对，不许随意咳嗽、吐痰，如何持烛照明，端盆送水侍奉长辈洗手等，书中所规定的礼节，已经非常完备了。只是《礼经》原有残缺，不是一本完整的书；其中没有记载的内容，以及随着世事的变迁而改变的地方，博学通达之士便自己去权衡度量，沿袭

● 中华灯

施行，所以世人称之为士大夫风度节操。而各个家庭所规定的风度节操又略有不同，各有长短。不过这些风度节操的基本脉络，自然是可以知道的。从前在江南的时候，这些风度节操能亲眼见到，亲耳听到；就像蓬草生长在大麻中，不用扶它自然就会长直，所以用不着花费笔墨去记录。你们生于兵荒马乱的年代，没能受到耳濡目染，所以我姑且将这些风度节操记录下来，把它传给子孙后代。

原文

　　《礼》曰："见似目瞿^①，闻名心瞿。"有所感触，恻怆心眼；若在从容平常之地，幸须申其情耳。必不可避，亦当忍之；犹如伯叔兄弟，酷类先人，可得终身肠断，与之绝耶？又："临文不讳，庙中不讳，君所无私讳。"益知闻名，须有消息^②，不必期于颠沛^③而走也。梁世谢举，甚有声誉，闻讳必哭，为世所讥。又有臧逢世，臧严之子也，笃学修行，不坠门风；孝元经牧江州，遣往建昌督事，郡县民庶，竞修笺书，

朝夕辐辏④，几案盈积，书有称"严寒"者，必对之流涕，不省取记⑤，多废公事，物情⑥怨骇，竟以不办而还。此并过事多。

近在扬都，有一士人讳审，而与沈氏交结周厚，沈与其书，名而不姓，此非人情也。凡避讳者，皆须得其同训⑦以代换之：桓公名白，博有五皓⑧之称；厉王名长，琴有修短之目。不闻谓布帛为布皓，呼肾肠为肾修也。梁武小名阿练，子孙皆呼练为绢；乃谓销炼物为销绢物。恐乖其义。或有讳云者，呼纷纭为纷烟；有讳桐者，呼梧桐树为白铁树，便似戏笑耳。

注释

① 瞿（jù）：惊动不安的样子。
② 消息：这里是斟酌的意思。
③ 颠沛：此处形容闻先人名讳后立即趋避的狼狈样。
④ 辐辏：车轴集中于轴心，此喻信函聚集地官署。
⑤ 省（xǐng）：检查，察看。记：书信。
⑥ 物情：人情。古代称人为物。
⑦ 同训：这里指意思相同或相近的词。
⑧ 博：博戏。五皓：即五白，古代赌博之戏，五子全白。

译文

《礼记·杂记》上说："见到容貌与亡父、亡母相似的人，听到与亡父、亡母的名字相同的字眼，就心跳不安。"这是因为心中有所感触，悲痛感伤；如果是在一般的情况下，在平常的地方，当然必须流露出对父母的思念之情。如果无法回避，就应该克制这种情感。比如叔伯、兄弟与父亲长得极为相像，难道能为了使自己不致于终身悲痛而断绝与他们的来往吗？《礼记·曲礼》上说："读文章时不避父讳；在宗庙中祭祀祖先时不避父祖之讳；臣子在君王面前说话时不避私家之讳。"因而，当听见与父母名字相同的字眼时，要多加考虑，没有必要一遇到这种事就狼狈地走开。梁朝有个人叫谢举，很有声望，他每次听到父母的名字，就

大哭一场，因而遭到世人的讥讽嘲笑。还有一个叫臧逢世的人，是臧严的儿子，勤奋好学，品行端正，不败坏门风。梁元帝负责管理江州时，派他前往建昌县督察公事。郡县的民众争着向他上书汇报，日夜不停，公文簿堆满了书桌。他一看见文书中提到"严寒"二字，就痛哭流涕，无心审阅公文，经常耽误公事，人们怨声载道，最终因不会办事被召回。这些做法都太过分了。

近年在扬州，我见到一位读书人避讳"审"字，他与一位姓"沈"的人交情深厚，姓沈的人给他写信，只署名字，不署姓氏。这不符合人之常情。大凡必须避讳的字，都应该用词义相近的字来替代。齐桓公名叫小白，上古博戏原来称作五白，为了避讳，改称五皓；汉代淮南厉王名叫长，琴原来称作长短，为了避讳，改说成修短。但没有听说为了避讳"布帛"说成"布皓"，将"肾肠"说成"肾修"。梁武帝小名叫阿练，他的子孙为了避讳，将"练"说成"绢"。于是将"销炼"东西说成"销绢"东西，恐怕违背了避讳的原则。甚至有人为了避讳"云"字，将"纷纭"说成"纷烟"；为了避讳"桐"字，将"梧桐"说成"白铁树"。更近似于玩笑了。

原文

周公名子曰禽，孔子名儿曰鲤，止在其身，自可无禁。至若卫侯、魏公子①、楚太子，皆名虮虱；长卿名犬子，王修名狗子，上有连及，理未为通，古之所行，今之所笑也。北土多有名儿为驴驹、豚子者，使其自称及兄弟所名，亦何忍哉？前汉有尹翁归②，后汉有郑翁归，梁家亦有孔翁归，又有顾翁宠；晋代有许思妣③、孟少孤，如此名字，幸当避之。今人避讳，更急于古。凡名子者，当为孙地④。吾亲识中有讳襄、讳友、讳同、讳清、讳和、讳禹，交疏⑤造次，一座百犯，闻者辛苦⑥，无憀赖⑦焉。昔司马长卿慕蔺相如，故名相如，顾元叹慕蔡邕，故名雍，而后汉有朱伥字孙卿⑧，许暹字颜回，梁世有庾晏婴、祖孙登，连古人姓为名字，亦鄙事也。

中国青少年必读名著

注 释

① 魏公子：应为韩公子。

② 翁：义同父。

③ 姁：义同母。

④ 为孙地：为孙子留有余地。

⑤ 交疏：应为"疏交"，指相交之远者。

⑥ 辛苦：悲痛。

⑦ 无憀（liáo）赖：无所依从。

⑧ 孙卿：即荀卿。荀子。

译 文

周公给儿子取名叫禽，孔子给儿子取名叫鲤，这些名字只限于被命名的人本身，自然不必禁止。至于象卫侯、魏公子、楚太子都名叫虮；司马相如叫犬子，王修名叫狗子，这种名字就牵连到他们的父辈，显得不通情理。古人的这种命名方法，现在的人觉得可笑。北方人常给儿子取名驴驹、猪子之类。儿子大后，自己称呼自己或兄弟称呼他的时候。该怎么受得了呢？前汉有人叫尹翁归，后汉有人叫郑翁归，梁朝也有人叫孔翁归，又有人叫顾翁宠；晋代有人叫许思姁，孟少孤，应当避免取这一类牵扯到父母的名字，现代人的避讳，比古代人更繁复。为儿子取名字时，

● 高浮雕兽面纹瓦当

要为儿孙着想。我的亲友中有的避讳"襄",有的避讳"友",有的避讳"同",有的避讳"清",有的避讳"和",有的避讳"禹",与他们交往疏远的人稍不留心,就很容易犯忌讳,听话的人感到很悲痛,让人无所适从。从前有个叫司马长卿的人,很钦慕蔺相如,所以改名为相如;顾元叹钦慕蔡邕,所以改名为雍。后汉的朱伥子字孙卿,许暹字颜回,梁代有人叫庾晏婴,祖孙登,这些都是连同古人的姓,用来作为自己的名字,也是很庸俗浅薄的做法。

原文

　　昔刘文饶不忍骂奴为畜产,今世愚人遂以相戏,或有指名为豚犊①者;有识傍观,犹欲掩耳,况当之者乎?

　　近在议曹②,共平章③百官秩禄,有一显贵,当世名臣,意嫌所议过厚。齐朝有一两士族文学之人,谓此贵曰:"今日天下大同④,须为百代典式,岂得尚作关中旧意⑤?明公⑥定是陶朱公⑦大儿耳!"彼此欢笑,不以为嫌。

注释

　　① 豚:小猪。犊:小牛。
　　② 议曹:议事局。
　　③ 平章:商讨的意思。
　　④ 大同:指隋已灭陈,天下统一。
　　⑤ 关中旧意:古代称函谷关以西为关中,隋建都大兴(今西安),属关中地区。关中旧意是就隋前情形而言。
　　⑥ 明公:贤明通达事理的人。
　　⑦ 陶朱公:即春秋时越国大夫范蠡。

译文

　　从前有个叫刘文饶的人,不忍心骂奴仆为畜牲,现在有些愚蠢的人,就用畜牲这个词互相开玩笑,有的人用猪儿、牛犊称呼别人。有见

识的旁观者尚且捂着耳朵不忍心听，何况那当事人呢？

　　近来，我在议曹和众人一起讨论百官奉禄的事，有一位显贵，是当代的名臣，他认为讨论中将百官的俸禄定得过于丰厚。刘朝有一两位士族文学，对这位显贵说："现在天下统一了，应该为百代制定俸禄做出范例，怎么还能沿袭旧朝的老规矩呢？你一定是陶朱公的大儿子吧？"说罢彼此大笑，不避讳这种戏谑。

原文

　　昔侯霸之子孙，称其祖父曰家公；陈思王[1]称其父为家父，母为家母；潘尼称其祖曰家祖；古人之所行，今人之所笑也。今南北风俗，言其祖及二亲，无云家者；田里猥人[2]，方有此言耳。凡与人言，言己世父[3]，以次第称之，不云家者，以尊于父，不敢家也。凡言姑姊妹女子子[4]：已嫁，则以夫氏称之；在室[5]，则以次第称之。言礼成他族[6]，不得云家也。子孙不得称家者，轻略之也。蔡邕书集，呼其姑姊为家姑家姊，班固书集，亦云家孙，今并不行也。凡与人言，称彼祖父母、世父母、父母及长姑，皆加尊字，自叔父母已下，则加贤字，尊卑之差也。王羲之书，称彼之母与自称己母同，不云尊字，今所非也。

注释

　　①陈思王：指曹植。

　　②田里：农村里。猥人：鄙俗之人。

　　③世父：伯父。

　　④女子子：女儿。

　　⑤在室：女子未出嫁。

　　⑥礼成他族：女子出嫁到婆家。

译文

　　从前，侯霸的子孙，称自己的祖父为家公；陈思王曹植称他的父亲为家父，称他的母亲为家母；潘尼称他的祖父为家祖。古人的这种称呼

法，现在的人觉得很可笑。如今南北的风俗，提到祖父及双亲，没有冠之以"家"的；只有那些下里巴人才这么称呼。凡是与人谈起自己的伯父，应该按长幼顺序称呼，不冠以"家"的原因，因为伯父比父亲年长，不敢称家某某。凡是称呼姑姑的女儿，已出嫁的就以她丈夫的姓氏称呼；未出嫁的就按长幼顺序称呼。提到别的家族中的亲戚，也不能称家某某。称呼子孙不能称家某，那样就过于轻慢。蔡邕在文集中，称他的姑姑、姐姐为家姑、家姐；班固在文集中称他的孙子为家孙。现在都不流行这种称呼。

凡是与人谈话时，称呼对方的祖父、祖母、伯父、伯母、父母以及姑姑，都要加个"尊"字；叔父、叔母以下的辈份，就加个"贤"字。这是尊卑的差别。王羲之在文章中，称呼别人的母亲和称呼自己的母亲相同，不加"尊"字，遭到现代人的非议。

原文

南人冬至岁首①，不诣丧家；若不修书，则过节束②带以申慰。北人至岁③之日，重行吊礼；礼无明文，则吾不取。南人宾至不迎，相见捧手而不揖④，送客下席而已；北人迎送并至门，相见则揖，皆古之道也，吾善其迎揖。

注释

①岁首：农历一年的第一个月。

②束带：整饬衣冠，束紧衣带。表示恭敬。

③至岁：指冬至、岁首二节。

④揖：俯身为礼。

译文

南方人在冬至年初的时候，不到办丧事的人家去，只是写封信表示慰问；如果不写信，就等过了冬至、年初，穿着礼服前去吊唁。北方人在冬至和年初的时候，特别重视行吊唁之礼，这种做法没有明文规定，

因而我觉得不可取。南方人不到门外迎接客人，宾主相见时也只是拉拉手，不行礼作揖；送客时只是离开座位。北方人迎送客人，都走到门外，宾主相见行礼作揖。这些都是古人的礼节，我很赞赏这么做。

原文

昔者，王侯自称孤、寡、不穀[1]，自兹以降，虽孔子圣师，与门人言皆称名也。后虽有臣、仆之称，行者盖亦寡焉。江南轻重[2]，各有谓号[3]，具诸《书仪》；北人多称名者，乃古之遗风，吾善其称名焉。

注释

①孤、寡、不谷：均为古代帝王诸侯的谦词。

②轻重：地位高低。

③谓号：别名。

译文

从前的帝王、诸侯自称为孤、寡、不谷。此后，即使是孔子这样的大圣人，与他们的门徒谈话时也直呼自己的名字。后来有人自称为臣仆，但这样做的人很少。江南人不论官们高低，都有称号；这些称号在《书仪》中都有记载。北方人大多以名自称，这是古代的遗风。我赞成自称名字的做法。

原文

言及先人，理当感幕，古者之所易，今人之所难。江南人事不获已[1]，须言阀阅，必以文翰，罕有面论者。北人无何[2]便尔话说，及相访问。如此之事，不可加于人也。人加诸己，则当避之。名位未高，如为勋贵所逼，隐忍方便，速报取了；勿使烦重，感辱祖父。若没[3]，言须及者，则敛容肃坐，称大门中[4]，世父、叔父则称从兄弟门中，兄弟则称亡者子某门中，各以其尊卑轻重为容色之节，皆变于常。若与君言，虽变于色，犹云亡祖亡伯亡叔也。吾见名士，亦有呼其亡兄弟为兄

子弟子门中者，亦未为安贴也。北土风俗，都不行此。太山⑤羊侃，梁初入南；吾近至邺⑥，其兄子肃访侃委曲⑦，吾答之云："卿从门中在梁，如此如此。"肃曰："是我亲⑧第七亡叔，非从也。"祖孝徵在坐，先知江南风俗，乃谓之云："贤从弟门中，何故不解？"

注释

①不获已：犹不得已，没有办法。阀阅：本作代阅，指家世。

②无何：犹言无故。

③没：去世。

④大门中：对别人称自己已故的祖父和父亲。以下所言"门中"，都是称家族中的死者。

⑤太山：即泰山。

⑥邺：北齐都城，在今河北临漳县。

⑦委曲：事情的始末经过。

⑧亲：汉魏至隋，习惯于亲戚称谓之上加"亲"字，以示其为直系的或最亲近的亲戚关系。

● **画像砖**

译文

　　当说到先人的名字时，按理应当产生哀念之情。这对古人来说是很容易的事，现在的人却觉得很难。江南人不到不得已的时候不谈论家世，如果必须谈论家世，就用书面表达，很少当面谈论。北方人经常没事由地谈论家世，互相询问。这种事各人有各人的习惯，不必强加于人。如果别人强加于自己，就应当尽力回避。如果自己的官职不高。又遇到权贵逼问家世，要沉着气随机应变，作一些简单的回答，草草了结，不要过于繁复，使祖先受到污辱。如果父亲已经去世，在提到他的时候，要表情严肃，坐得端端正正，称亡父为大门中；提到去世的伯父、叔父，就称他们为从兄弟门中，提到去世的兄弟，就称他们为兄弟的儿子某某门中。根据他们地位的尊卑，身份的高低，脸上流露出的悲痛神情也不一样，都与平时的表情不同。如果与君主谈起自己已故的长辈，虽然也要流露出悲痛的神情，但还是称他们为亡祖、亡伯、亡叔。我见过一些名士，将已故的兄弟称作兄子、弟子门中，这是不妥当的。北方的风俗，都不这样称呼。泰山有个叫羊偘的人，在梁朝初年归顺梁朝，前一段我到邺都，他的侄子羊肃前来询问羊偘的情况，我回答说："你的从兄弟门中在梁朝的情况如何如何。"羊肃说："他是我的亲叔叔，不是堂叔。"当时祖孝征在座，他了解南方的风俗，就对羊肃说："说你从兄弟门中，就是指你去世的叔叔，这有什么不明白的呢？"

原文

　　古人皆呼伯父叔父，而今世多单呼伯叔。从父①兄弟姊妹已孤，而对其前，呼其母为伯叔母，此不可避者也。兄弟之子已孤，与他人言，对孤者前，呼为兄子弟子，颇为不忍；北土人多呼为侄。案：《尔雅》、《丧服经》、《左传》，侄虽名通男女，并是对姑之称，晋世已来，始呼叔侄；今呼为侄，于理为胜也。

注释

① 从父：伯父叔父的通称。

译文

　　古人都称呼伯父、叔父，现在的人大多单称伯、叔。如果伯父、叔父的子女丧父，那么在他们面前说话的时候，称他们的母亲为伯母、叔母。这是无法回避的。如果兄弟的子女丧父，当着兄弟子女的面，与别人谈话时，直呼他们为兄子、弟子，是不忍心的，北方人大多称呼作"侄"。据考证：在《尔雅》、《丧服经》、《左传》等书中，"侄"的称呼虽说男女都可以用，但都是姑姑对兄弟子女的称呼。西晋刘宋以来，才开始有叔侄的称呼，现在"侄"的称法，更符合情理。

原文

　　别易会难，古人所重；江南饯送，下泣言离。有王子侯①，梁武帝弟，出为东郡②，与武帝别。帝曰："我年已老，与汝分张③，甚以恻怆。"数行泪下。侯遂密云④，赧然而出。坐此被责，飘飘舟渚，一百许日，卒不得去。北间风俗，不屑此事，歧路言离，欢笑分首⑤。然人性自有少涕泪者，肠虽㿾绝，目犹烂然；如此之人，不可强责。

注释

① 王子侯：皇帝所封列侯。《汉书》有王子侯表。
② 东郡：建康以东之郡。
③ 分张：分别的意思，为六朝人习用语。
④ 密云：无泪，指故作悲凄之态而不掉泪。
⑤ 分首：即分手。古时首、手同音通用。

译文

　　别时容易见时难，古人很看重离别之情。江南人饯行时，谈到分

● 青瓷堆塑瓶

离就掉眼泪。梁朝有位被封侯的亲王，是梁武帝的弟弟。他在出使东方郡县之前，向梁武帝告别。梁武帝说："我已经老了，和你告别，非常感伤。"说罢，潸然泪下。亲王虽然表情沉重，却挤不出流泪，惭愧得红着脸出去了。他因此受到指责，在渡口往返徘徊了一百多天，终于没有走成。北方的风俗，不屑于表达离别之情，在岔道口告别，高高兴兴地分手。有的人天生不爱流泪，即使悲痛得肝肠寸断，两眼依然亮闪闪的，对这样的人，不能求全责备。

原文

凡亲属名称，皆须粉墨，不可滥也。无风教①者，其父已孤，呼外祖父母与祖父母同，便人为其不喜闻也。虽质于面，皆当加外以别之；父母之世叔父②，皆当加其次第以别之；父母之世叔母，皆当加其姓以别之；父母之群从③世叔父母及从祖父母，皆当加其爵位若姓以别之。河北士人，皆呼外祖父母为家公家母④，江南田里间亦言之。以家代外，非吾所识。

注释

① 风教：教化。
② 世叔父：世父和叔父。世父，指伯父。
③ 群从：指诸子侄辈。
④ 家公家母：母之父母为家公家母。

译文

　　凡是称呼亲戚，都必须加以修饰，不能随意直呼。缺乏教养的人，在祖父祖母去世后，称呼外祖父、外祖母，与称呼祖父、祖母相同，让人听了觉得别扭。即使是当面称呼，也应当加个"外"字来区别。称呼父母的伯父、叔父，都应当加上他们的长幼顺序来区别；称呼父母的伯母、叔母，都应当加上她们的姓氏来区别；称呼父母的堂伯父、堂伯母、堂祖父、堂祖母，都应当加上他们的爵位或者姓氏来区别。河北的男子，都称呼外祖父、外祖母为家公、家母；江南民间偶尔也有这样叫法。为什么用"家"来代替"外"？其中的缘故我不明白。

原文

　　凡宗亲世数，有从父①，有从祖②，有族祖③。江南风俗，自兹已往，高秩④者，通呼为尊，同昭穆⑤者，虽百世犹称兄弟；若对他人称之，皆云族人。河北士人，虽三二十世，犹呼为从伯从叔。梁武帝尝问一中土⑥人曰："卿北人，何故不知有族？"答云："骨肉易疏，不忍言族耳。"当时虽为敏对，于礼未通。

注释

　　① 从父：伯父、叔父统称从父。

　　② 从祖：父亲的堂伯叔。

　　③ 族祖：祖父的堂伯叔。

　　④ 秩：官吏的俸禄。引申指官吏的职位或品级。

　　⑤ 昭穆：古代宗法制度，宗庙或墓地的辈次排列。后亦泛指家族的辈份。

　　⑥ 中土：中原，汉以后以今河南一带为中土。

译文

　　同宗亲戚的辈份，有伯父、叔父、堂祖父以及族祖，江南的风俗，

51

从这往上数，辈份高、有官品的人，应该在称呼上加"尊"字；同一祖宗的人，即使相隔百代也称做兄弟，如果在外人面前，就称做族人。河北的男子，即使过了二三十代，仍然称做堂伯、堂叔。梁武帝问一个中原士人说："你是北方人，为什么不知道族人的称呼？"士人回答说："同宗骨肉容易疏远，所以不忍心称做族人。"当时他的回答虽说很机敏，但是不符合情理。

原文

吾尝问周弘让曰："父母中外①姊妹，何以称之？"周曰："亦呼为丈人②。"自古未见丈人之称施于妇人也。吾亲表所行，若父属者，为某姓姑；母属者，为某姓姨。中外丈人之妇，猥俗呼为丈母③，士大夫谓之王母、谢母④云。而《陆机集》有《与长沙顾母书》⑤，乃其从叔母也，今所不行。

齐朝士子，皆呼祖仆射⑥为祖公，全不嫌有所涉也，乃有对面以相戏者。

注释

①中外：一称中表，即内外之意。舅父之子为内兄弟，姑母之子为外兄弟。

②丈人：这里指对亲戚长辈的通称。

③丈母：这里指父辈的妻子。

④王母、谢母：此为泛指，即王姓母、谢姓母。

⑤陆机：西晋吴郡吴人，字士衡，文学家。

⑥仆射：职官名。

译文

我曾经问周弘让："父母的姐妹该怎么称呼？"周弘让回答说："也称作丈人。"自古以来没见过用"丈人"来称呼妇人。我是这样称呼内亲外戚的：如果是父亲的姐妹，就称她为某姓姑，如果是母亲姐妹，就称

她为某姓姨。内亲外戚中的长辈的妻子，俗称做丈母；而士大夫是这样称呼的，如果她姓王，就称她为王母如果她姓谢，就称她为谢母。《陆机集》中有《与长沙顾母书》一文，这个顾母，是陆机的堂叔母，现在这种称呼已经不通行了。

原文

古者，名以正体^①，字以表德^②，名终则讳之，字乃可以为孙氏。孔子弟子记事者，皆称仲尼^③；吕后微时，尝字高祖为季；至汉爰种^④，字其叔父曰丝^⑤；王丹与侯霸子语，字霸为君房；江南至今不讳字也。河北士人全不辨之，名亦呼为字，字固呼为字。尚书王元景兄弟，皆号名人，其父名云，字罗汉，一皆讳之，其余不足怪也。

《礼·间传》云："斩缞^⑥之哭，若往而不反；齐缞^⑩之哭，若往而反；大功之哭^⑧，三曲而偯^⑨；小功缌麻^⑩，哀容可也，此哀之发于声音也。"《孝经》云："哭不偯^⑪。"皆论哭有轻重质文之声也。礼以哭有言者为号，然则哭亦有辞也。江南丧哭，时有哀诉之言耳；山东重丧^⑫，则唯呼苍天，期功以下^⑬，则唯呼痛深，便是号而不哭。

注释

① 正体：表明自身。

② 表德：表示德行。

③ 仲尼：孔子名丘，字仲尼。

④ 爰种：西汉大臣爰盎之侄。

⑤ 丝：即爰种叔父爰盎，字丝。

⑥ 斩缞（cuī）：旧时五种丧服中最重的一种，以粗麻布制成，左右和下边不

● 青瓷茶杯

缝。儿子、未嫁女儿对父母，媳妇对公婆，承重孙对祖父母，妻子对丈夫，都服斩缞，期为三年。

⑦齐缞（cuī）：旧时五种丧服之一，次于斩缞。服用粗麻布做成，以其缉边，故称"齐缞"。服期有一年的，如孙为祖父母，丈夫为妻子；有五月的，如为曾祖父母；有三月的，如为高祖父母。

⑧大功：旧时五种丧服之一，以熟布做成，比齐缞为细，小功为粗。

⑨俒（yǐ）：哭的余声。

⑩小功：旧时五种丧服之一，以熟布做成，较大功为细，比缌麻为粗。缌麻：五种丧服之最轻者。

⑪《孝经》：儒家经典之一。《孝经·丧亲》："孝子之丧亲也，哭不俒。"唐玄宗注："气竭而息，声不委曲。"

⑫山东：指太行、恒山以东，亦即前段文中河北之地。重丧：指须披戴斩缞孝服的丧事。

⑬期功：期即期服，即齐缞为期一年之服。功指大功、小功。

译文

古时候，名用以表明身份，字则用来表示德行，名在形体消亡后就要对之避讳，字却可以作为孙子的氏。孔子的弟子在记录孔子的言行时，都称他为仲尼；吕后贫贱的时候，曾经叫汉高祖刘邦的字为季；到汉代的爱种，叫他叔叔的字为丝；王丹与侯霸的儿子说话时，侯霸的字为君房；江南至今不避讳称字。河北的士大夫们对名和字完全不加区别，名也称做字，字也叫做名。尚书王元景兄弟俩，都被称做是名人，他俩的父亲名云，字罗汉，他俩对父亲的名和字全都加以避讳，其他人的讳字，就不足为怪了。

《礼记·间传》说："披戴斩缞孝服的人，一声痛哭便至气竭，仿佛再回不过气来似的；披戴齐缞孝服的人，悲声阵阵连续不停；披戴大功孝服的人，其哭一声三折，余音犹存；披戴小功、缌麻孝服的人，脸上显出哀痛的表情也就可以了。这些就是哀痛之情通过声音表现出来的种种状况。"《孝经》上说："孝子痛哭父母的哭声，气竭而后止，不会发出

余声。"这些话都论说哭声有轻微、沉重、质朴、和缓等种种区别。按礼俗以哭时杂有话语者叫做号，如此则哭泣也可带有言词了。江南地区在丧事哭泣时，经常杂有哀诉的话语；古山东一带在披戴斩缞孝服的丧事中，哭泣时，只知呼叫苍天，在披戴齐缞、大功、小功以下丧服的丧事中哭泣时，则只是倾诉自己悲痛多么深重，这就是号而不哭。

原文

江南凡遭重丧，若相知者，同在城邑，三日不吊则绝之；除丧，虽相遇则避之。怨其不已悯也。有故及道遥者，致书可也；无书亦如之①。北俗则不尔。江南凡吊者，主人之外，不识者不执手；识轻服②而不识主人，则不于会所③而吊，他日修名④诣其家。

注释

① 如之：如同那样，即如同对待"三日不吊"者一样。

② 轻服：五种丧服中较轻的几种，如大功、小功、缌麻之类。

③ 会所：聚会的场所。这里指治丧的地方。

④ 名：名刺。好比今天的名片。

译文

江南人遭到重丧，如果亲友得知消息，又和丧家在同一城镇居住，假如三天之内不去吊唁，丧家就与他们断绝来往；丧期过后，即使迎面相见，也躲着他们，怨恨他们不怜恤自己。有事或路远不能前来吊唁的，写封信安慰也可以。如果不写信，也照样与他们断绝来往。北方的风俗却不是这样。江南凡是采吊唁的人，除了丧主之外，不和不相识的人握手；认识丧家的远亲而不认识丧主，就不必到现场吊丧，过几天，写一张名刺送到丧家表示悼念就行了。

原文

阴阳说①云："辰为水墓，又为土墓，故不得哭。"王充《论衡》

云：“辰日不哭，哭则重丧。”今无教者，辰日有丧，不问轻重，举家清谧②，不敢发声，以辞吊客。道书③又曰：“晦歌朔④哭，皆当有罪，天夺其算⑤。”丧家朔望⑥，哀感弥深，宁当惜寿，又不哭也？亦不谕。

注释

① 说：《群书类编故事》卷二“说”作“家”。

② 清谧：清静。

③ 道书：指道家之书。

④ 晦：阴历每月的最后一天。朔：阴历每月初一。

⑤ 算：寿命。

⑥ 望：阴历每月十五日。

译文

　　阴阳家认为：“辰日是水墓，又是土墓，因此不应该哭丧。”王充的《论衡·辩祟》说：“辰日不应该哭丧，要是哭丧就会再死人。”现在有些缺乏教养的人，辰日遇到丧事，就不分轻重，全家静悄悄的，不敢发出哭声，谢绝前来吊丧的客人。道家认为：“晦日唱歌，朔日哭泣，都是有罪的，上天会缩短你的寿命。”如果有人在辰日遇到丧事，心中悲痛万分，难道只为了自己长寿，就不敢哭丧了吗？这也真叫人莫名其妙。

● 青釉堆塑罐

原文

　　偏傍①之书，死有归杀②。

子孙逃窜，莫肯在家；画瓦③书符，作诸厌胜④；丧出之日，门前然火，户外列灰，袚⑤送家鬼，章断注连⑥；凡如此比，不近有情，乃儒雅⑦之罪人，弹议所当加也。

注释

① 偏傍：不正。偏傍之书：指旁门左道的书。

② 归杀：也作归煞，回煞。旧时迷信谓人死之后若干日灵魂回家一次叫"归杀"。

③ 画瓦：旧在瓦片上画图像以镇邪。

④ 厌胜：古代一种巫术，谓能以诅咒制胜，压服人或物。

⑤ 袚（fú）：古代除灾祈福的仪式。

⑥ 章断注连：上章以求断绝死者之殃染及旁人。注连：传染的意思。

⑦ 儒雅：儒学正统。

译文

旁门左道之书，认为人死后，灵魂会在某一天回家。这一天丧家的子孙们都逃避在外，不敢待在家里；还画符书来镇妖压邪。出殡的那一天，丧家就在门前烧火，将草灰撒在庭院里，送走鬼魂，还上章天曹，祈求避免鬼魂附身。诸如此类的做法，不通人情，这么做貌似儒雅，实为罪人。应该受到指责。

原文

己孤①，而履岁②及长至之节③，无父，拜母、祖父母、世叔父母、姑、兄、姊，则皆泣；无母，拜父、外祖父母、舅、姨、兄、姊，亦如之：此人情也。

江左朝臣④，子孙初释服⑤，朝见二宫⑥，皆当泣涕；二宫为之改容。颇有肤色充泽，无哀感者，梁武薄其为人，多被抑退。裴政⑦出服，问讯武帝⑧，贬瘦枯槁，涕泗滂沱，武帝目送之曰："裴之礼不死也。"

注释

①孤：此处指失去父亲或母亲。

②履岁：履端岁首的意思，即指元旦。

③长至：即冬至。

④江左：江东。此指梁朝。

⑤释服：与下文"出服"义词，是说丧期已满，除去丧服的意思。

⑥二宫：指帝王与太子。

⑦裴政：隋朝人，字德表。

⑧问讯武帝：因梁武帝信佛，故裴政以僧礼相见。

译文

自己失去了父亲或母亲，在元旦及冬至这两个节日里，假如没有父亲的，就要拜见母亲、祖父母、世叔父母、姑母、兄长、姐姐，都要哭泣；假如没有母亲，就要拜见父亲、外祖父母、舅舅、姨母、兄长、姐姐，也要哭泣，这是人之常情啊。

梁朝的大臣，他们的子孙刚除去丧服，上朝拜见皇帝和太子的时候，必须哭泣流泪；皇帝和太子会因感动而改变脸色。但也有一些人肤色丰满光泽，面上没有一点哀痛的表情，梁武帝便看不起他们的为人，这些人大多被压抑斥退。裴政除去丧服，行僧礼朝见梁武帝的时候，身体瘦弱，形体枯槁，当场痛哭流涕，梁武帝目送着他出去，说："裴之礼没有死啊。"

原文

二亲既没，所居斋寝①，子与妇弗忍入焉，北朝顿丘李构，母刘氏，夫人亡后，所住之堂，终身锁闭，弗忍开入也。夫人，宋广州刺史纂之孙女，故构犹染江南风教。其父奖，为扬州刺史，镇寿春，遇害。构尝与王松年、祖孝徵数人同集谈宴。孝徵善画，遇有纸笔，图写为人。顷之，因割鹿尾②，戏截画人以示构，而无他意，构怆然动色，便

起就马而去。举坐惊骇，莫测其情。祖君寻悟，方深反侧③，当时罕有能感此者。吴郡陆襄，父闲被刑，襄终身布衣蔬饭，虽姜菜有切割，皆不忍食；居家惟以掐摘供厨④。江宁姚子笃，母以烧死，终身不忍啖炙。豫章⑤熊康，父以醉而为奴所杀，终身不复尝酒。然礼缘人情，恩由义断，亲以噎死，亦当不可绝食也。

注释

① 斋寝：斋戒时居住的旁屋。

② 鹿尾：鹿之尾。为古代珍贵食品。

③ 反侧：惶恐不安。

④ 掐摘：以手掐断菜，蔬用以代替刀切。

⑤ 豫章：在今江西省南昌市。

译文

双亲去世后，父母生前斋戒时住的房屋，儿子与媳妇都不忍心进去。北朝顿丘郡的李构，母亲刘氏去世，她住过的堂屋一直紧锁着，李构不忍心开门进屋。刘氏是刘宋时代广州刺史刘篆的孙女。所以李构是受了江南风俗的影响。李构的父亲李奖，是扬州刺史，他在镇守寿春时遇害。李构曾经与王松年、祖考征等人在一起宴饮闲谈。祖孝征擅长画画，看见有纸笔，就画了一个人。过了一会儿，他因为割取宴席上的鹿尾就开玩笑地把人像斩断给李构看，并没有别的意思。李构看后却非常悲伤，变了脸色，就起身跃马而去。在座的人都很惊讶，不知道这是怎么回事，祖孝征很快就醒悟过来，感到很不安，当时很少有人对这样的事那么敏感。吴郡的陆襄，父亲陆闲被斩首，陆襄终身布衣蔬食，即使是姜菜，只要被刀切过的，都不忍心食用。平时只用掐断或摘断的蔬菜来做菜。江宁的姚子笃，母亲是被大火烧死的，他因此终身不忍心吃烤肉。预章郡的熊康，父亲酒醉后被奴仆杀害，他因此终身不再喝酒。然而礼节要符合人之常情，报答恩德也要依据教义，如果父母是被噎死的，也该不致因此绝食吧。

原文

《礼经》：父之遗书，母之杯圈①，感其手口之泽，不忍读用。政②为常所讲习，雠校③缮写，及偏加服用。有迹可思者耳。若寻常坟典④，为生什物，安可悉废之乎？既不读用，无容散逸，惟当缄⑤保，以留后世耳。思鲁等第四舅母，亲吴郡张建女也，有第五妹，三岁丧母。灵床上屏风，平生旧物，屋漏沾湿，出曝洒之，女子一见，伏床流涕。家人怪其不起，乃往抱持；荐席淹渍，精神伤怛⑥，不能饮食。将以问医，医诊脉云？"肠断矣！"因尔便吐血，数日而亡。中外怜之，莫不悲叹。

注释

① 杯圈：一种木制饮器。手口之泽：手汗和口泽之气。

② 政：通"正"，只。

③ 雠校：校对。

④ 坟典：三坟五典。伏羲、神农、黄帝之书叫三坟，少昊、颛顼、高辛、唐、虞之书，叫五典。此指书籍。

⑤ 缄：封闭。

⑥ 怛：悲伤。

译文

《礼经》上说：父亲遗留下来的书籍，母亲遗留下来的杯子，子女感于上面存留着父母的手泽与口气，不忍心阅读和使用。要是这些书籍正好是亡父经常研读的，或是亲手誊写校对过的。或是特别常用的，书上有亡父使用过的痕迹，确实会触发思念之情。如果只是一般的书籍，以及一些生活必需品，怎么能废弃不用呢？既然不用，又不允许随意散失，只好保存起来，留给后世了。

颜思鲁的四舅母，是吴郡张建的亲生女儿，她有个五妹，三岁时母亲就去世了。亡母灵床上摆设的屏风，是亡母平时用过的旧物。有一次房屋漏雨，淋湿了屏风，家里人把它拿出去晒，五妹一见到屏风，就伏

在灵床上痛哭流涕。过了很长时间，家里人还不见她站起来，觉得奇怪，就过去扶她，只见灵床已经被泪水浸透了。从此，她神情悲伤，不思饮食，家里人让大夫给她看病，大夫诊脉以后说："她悲伤过度，因而肠断了！"她从此吐血不止，没几天就死了。亲戚都很可怜她，无不悲伤感叹。

原文

《礼》云："忌日不乐。"正以感慕罔极，恻怆无聊，故不接外宾，不理众务耳。必能悲惨自居，何限于深藏也？世人或端坐奥室，不妨言笑，盛营甘美，厚供斋食；迫有急卒，密戚至交，尽无相见之理：盖不知礼意乎！

魏世王修，母以社日①亡。来岁社日，修感念哀甚，邻里闻之，为之罢社。今二亲丧亡，偶值伏腊分至②之节，及月小晦后，忌之外，所经此日，犹应感慕③，异于余辰，不预饮宴、闻声乐及行游也。

● 卧佛

注释

①社日：祭祀社神之日。

②伏腊：伏祭和腊祭之日。伏祭在夏季伏日，腊祭在农历十二月。分：春分、秋分。至：冬至、夏至。

③感慕：感伤思慕。

译文

《礼记》上说："忌日不宴饮作乐。"正因为对亡故的父母有说不尽的感念思慕之情，悲伤哀痛，所以这天不接待宾客，不处理事务。但是若真能自觉做到悲伤怀念，又何必非得关在家里不出门呢？世间有些人虽然端坐在深室，可是却并不妨碍他们谈笑风生，他们依旧置办丰富的饮食，对亡者也供奉着丰厚的斋食；遇到十分紧迫的事情，或是至亲好友来访，他们却认为没有接见的道理：他们是不明白礼的本质啊！

魏朝王修的母亲在社日去世，第二年社日，王修感念母亲的恩德，非常悲伤，邻里乡亲听说了这件事，就为他取消了社日。双亲去世后，伏日，腊日，春分，秋分，冬至，夏至，以及"月小晦后"，这些时日虽说都在忌日之外，在这些日子里，也应当感念亡父、亡母，有别于其他时日，不参加宴饮，不听音乐，不出门远行。

原文

刘绍、绥、绥，兄弟并为名器，其父名昭，一生不为照字，惟依《尔雅》火旁作召耳。然凡文与正讳①相犯，当自可避；其有同音异字，不可悉然。刘字之下，即有昭音。吕尚②之儿，如不为上；赵壹之子，傥不作一：便是下笔即妨，是书皆触也。

注释

①正讳：指人的正名。

②吕尚：姜太公。

译文

刘绍、刘缓、刘绥兄弟三个都是名人，父亲名昭，因而，他们一生不谈、不写"照"字，而是遵从《尔雅》，将"昭"写作"绍"。然而，凡是文字正好犯了避讳，自然应当回避，如果是同音字，就无法都避讳了。"刘"字下半部就与"昭"字同音。吕尚的儿子，如果不能读写"上"字，赵壹的儿子如果不能读写"一"字，那么一提笔，一读书，就处处犯忌。

原文

尝有甲设宴席，请乙为宾，而旦①于公庭见乙之子，问之曰："尊侯早晚②顾宅？"乙子称其父已往，时以为笑。如此比例③，触类慎之④，不可陷于轻脱。

注释

①旦：早晨。
②早晚：此处是几时的意思。此为六朝人习用语。
③比例：指可对比的例子。
④触：凡是。

译文

曾经有某甲设宴席，准备请某乙来做客，早上在官署见到某乙的儿子，就问他说："令尊大人什么时候可以光临寒舍？"某乙的儿子却回答说他父亲已故。此事当时传为笑柄。像类似的事例，凡碰上后就该慎重对待它，不可那样不稳重。

原文

江南风俗，儿生一期，为制新衣，盥浴装饰，男则用弓矢纸笔，女则刀尺针缕，并加饮食之物，及珍宝服玩，置之儿前，观其发意所取，

以验贪廉愚智，名之为试儿。亲表①聚集，致宴享焉。自兹已后，二亲若在，每至此日，尝有酒食之事耳，无教之徒，虽已孤露②，其日皆为供顿③，酣畅声乐，不知有所感伤。梁孝元年少之时，每八月六日载④诞之辰，常设斋讲⑤；自阮修容⑥薨殁之后，此事亦绝。

注释

①亲表：亲属中表。中表：姑母的子女叫外表。舅父姨母的子女叫内表，互称中表。

②孤露：魏晋时人以父立为孤露。

③供顿：设宴待客。

④载：始。载庭之日：生日。

⑤斋讲：斋素讲经。

⑥修容：古代宫妃的位号，为九嫔之一。

译文

江南的风俗，小孩在周岁的时候，要给孩子穿上新衣服，梳洗打扮，如果是男孩，就将弓箭、纸笔摆在他面前；如果是女孩，就将刀尺、针线摆在她面前。此外，再摆上食物、珠宝、古玩，看看孩子抓取哪一样东西，表现出什么样的意向，为验证他们将来是贪婪还是廉洁，是愚蠢还是聪明，这就叫做"抓周"。这一天，亲朋好友都来聚会，主人设宴招待他们。从这以后，如果双亲健在，每到这一天，就常常设宴请客。缺乏教养的人，双亲去世后，每到这一天，还依然摆设酒食，尽兴饮酒，沉湎于声乐，不知道应该感伤。梁朝孝元帝，年少的时候，每逢八月六日生日这一天，总要吃斋念佛，讲解佛经。自从太后阮修容过世后，这件事就停止了。

原文

人有忧疾，则呼天地父母，自古而然。今世讳避，触途①急切。而江东士庶，痛则称祢②。祢是父之庙号，父在无容③称庙，父殁何容辄

● 白釉罐

呼？《苍颉篇》有
俷字，《训诂》云：
"痛而谭④也，音
羽罪反。"今北人
痛则呼之。《声类》
音于耒反，今南人
痛或呼之。此二音
随其乡俗，并可
行也。

注释

①触途：各方
面，处处。

②祢：亡父在宗庙中立主亡称。

③无容：不可以。

④谭：同"呼"。

译文

人遭到忧愁痛苦，就呼叫天地父母，自古以来就是这样。现在的人避讳，更为宽泛繁琐，认为这样呼叫犯了忌讳。江东的士大夫和平民患病疼痛时，就呼叫"祢"。"祢"是父亲的庙号，父亲在世不允许称呼庙号，父亲去世了怎么能随意称呼呢？《苍颉篇》中有"俷"字，《训诂》解释说："俷，是疼痛时发出的呼叫，读作羽罪反。"现在北方人遭受痛苦时就呼叫"俷"。《声类》将"俷"字读作耒反。现在南方人遭受痛苦时也有呼叫"俷"的。"俷"的两种读音只要入乡随俗，都可以通用。

原文

梁世被系劾者，子孙弟侄，皆诣阙三日，露跣①陈谢；子孙有官，自陈解职。子则草②屩粗衣，蓬头垢面，周章③道路，要候执事，叩头流血，申诉冤情。若配徒隶，诸子并立草庵于所署门，不敢宁宅④，动经旬日，官司驱遣，然后始退。江南诸宪司⑤弹人事，事虽不重，而以教义见辱者，或被轻系而身死狱户者，皆为怨仇，子孙三世不交通矣。到洽为御史中丞，初欲弹刘孝绰，其兄溉先与刘善，苦谏不得，乃诣刘涕泣告别而去。

注释

① 露：露髻。即不戴帽子露出发髻。跣：不穿鞋。

② 草：草鞋。

③ 周章：惊恐不安。

④ 宁宅：安居。

⑤ 宪司：即御史。

译文

    梁朝因犯法而被拘禁的官吏，他们的子孙、侄儿都要光着脚、披头散发，连续三天到朝谢罪。子孙中有当官的，要去谢罪，请求解除官职。儿子就脚穿草鞋，身披布衣，蓬头垢面，诚惶诚恐，在路上徘徊不定地等候执事，见了执事就不断磕头，血流满地，为父亲申诉冤枉。如果父亲被发扬，成为服劳役的罪犯，所有的儿子要一起在衙门前搭个草棚居住，不敢安居家中，等过了几天，官吏前来驱赶，然后才搬回去住。江南的御史，有弹劾纠察官吏的权力。有的官

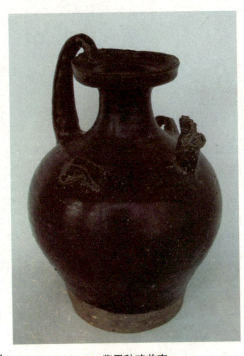

● 酱黑釉鸡首壶

吏并没有什么大的过错，只是由于违背教义，就遭到御史的污辱，或者是稍微受到牵连而遭囚禁死在狱中，御史因此与人结上了冤仇，双方的子孙三代断绝来往。到洽是御史中丞，正打算弹劾刘孝绰。他的哥哥到溉，从前与刘孝绰交好，因而苦苦劝阻弟弟，但最终未能奏效，只好到刘孝绰家，流泪向他告别分手而去。

原文

兵凶战危，非安全之道。古者，天子丧服以临师，将军凿凶门①而出。父祖伯叔，若在军阵，贬损自居，不宜奏乐宴会及婚冠②吉庆事也。若居围城之中，憔悴容色，除去饰玩，常为临深履薄之状焉。父母疾笃，医虽贱虽少，则涕泣而拜之，以求哀也。梁孝元在江州，尝有不豫③；世子方等亲拜中兵参军李猷焉。

注释

① 凶门：古代将军出征时，凿一扇向北的门，由此出发，如办丧事一样，以示必死的决心，称"凶门"。

② 冠：冠礼。古代男子20岁行成人礼结发戴冠。

③ 不豫：天子有病称不豫。

译文

兵器是凶器，战争是危险的事。古时候，天子身着丧服视察军队，将军出征之前凿开凶门率军出发。如果父亲、祖父、伯伯、叔叔征战沙场，晚辈在家中要自我约束，不奏乐，不宴饮，不举行婚礼、冠礼等喜庆之事，如果长辈被围困在城中，晚辈要脸色憔悴，除去装饰品和玩赏之物，常流露出如临深渊、如履薄冰的神情。父母病重，前去请医生时，即使医生地位低，年纪轻，也应该流着泪行礼拜见，哀求他的怜悯。梁朝孝元帝在江州时，曾得了重病，太子萧方等就亲自拜见中兵参军李猷。

原文

四海之人，结为兄弟，亦何容易。必有志均义敌，令终如始者，方可议之。一尔①之后，命子拜伏，呼为丈人②，申父友之敬；身事彼亲，亦宜加礼。比见北人，甚轻此节，行路相逢，便定昆季③，望年观貌，不择是非，至有结父为兄，托子为弟者。

注释

① 一尔：一旦如此。

② 丈人：对亲戚长辈的称呼。

③ 昆季：指兄弟。长为昆，幼为季。

译文

来自五湖四海的人，结拜为兄弟，不能太轻率，必须是志同道合，始终交往很深的人，才谈得上结拜为兄弟。只有这样，然后才让儿子拜见自己的结义兄弟，称他为丈人，以表示对父亲朋友的敬意。自己对结义兄弟的双亲，也应该以礼相待。近来，我在北方，发现北方人很轻视这个礼节，他们与路人也可以随便结拜为兄弟，只是看对方的年纪与外表是否合适，而不是辨别是非，甚至还有与自己父辈的人结拜为兄弟，将弟弟当作儿子之类的事。

原文

昔者，周公一沐三握发，一饭三吐餐①，以接白屋之士②，一日所见者七十余人。晋文公以沐辞竖头须，致有图反③之诮。门不停宾，古所贵也。失教之家，阍寺④无礼，或以主君寝食嗔怒，拒客未通，江南深以为耻。黄门侍郎⑤裴之礼，号善为士大夫，有如此辈，对宾杖之。其门生⑥僮仆，接于他人，折旋⑦俯仰，辞色应对，莫不肃敬，与主无别也。

注释

①一沐三握发，一饭三餐：指一次沐浴须三度握其已散之发，一顿饭中间须三次停食，以接待宾客，两句均形容求贤殷切。

②白屋之士：指平民。古代平民住房不施采，故称其所住之屋为白屋。

③图：考虑。图反：指想法反常。

④阍寺：看门人。

⑤黄门侍郎：职官名。

⑥门生：此指门下使役之人。

⑦折旋：曲行。古代行礼时的动作。

● 凤鸟尊（羊脂白玉）

译文

从前，周公为了随时接待贫贱的贤士，洗头时3次挽起头发停下来，吃饭时三次吐出正在咀嚼的食物。一天接见了70多位贤士。晋文公以正在洗头为借口，拒绝接见宫中的小臣头须，头须因此讽刺他思虑颠倒。不让宾客滞留在门前，是古代所崇尚的礼节，缺乏教养的家庭，看门人不讲礼貌，有的以主人正在睡觉、吃饭、发怒等为借口，将客人拒之门外，不予通报。江南人认为这样做很可耻。黄门侍郎裴之礼，人称他善待宾客，如果发现仆人慢待宾客，就当着客人的面用棍棒揍他一

● 圭璜

顿，家中的侍者与仆人接待宾客时，通报迅速，言行举动，严肃恭敬，
像主人一样善待宾客。

第七篇　慕　贤

原文

　　古人云："千载一圣，犹旦暮也；五百年一贤，犹比髆①也。"言
圣贤之难得，疏阔如此。傥遭不世明达君子，安可不攀附景仰之乎？吾
生于乱世，长于戎马，流离播越②，闻见已多；所值名贤，未尝不心醉
魂迷向慕之也。人在年少，神情未定，所与款狎③，熏渍陶染，言笑举
动，无心于学，潜移暗化，自然似之；何况操履④艺能，较明易习者也⑤？
是以与善人居，如人芝兰之室，久而自芳也；与恶人居，如入鲍鱼之

肆，久而自臭也。墨子悲于染丝，是之谓矣。君子必慎交游焉。孔子曰："无友不如己者。"颜、闵⑥之徒，何可世得！但优于我，便足贵之。

注释

① 髆：肩胛。

② 播越：离散，流亡。

③ 款狎：款洽狎习。指相互间关系亲密。

④ 操履：操守德行。艺能：本领，技能。

⑤ 较：通"皎"，明显。也：读为"耶"，表示疑问语气词。

⑥ 颜、闵：指孔子弟子颜回、闵损。

译文

古人说："一千年出现一位圣人，就好像早晚之间就出现一位圣人一样；五百年出现一位圣人，就好像贤士一位接着一位出现。"这句话是说圣贤之人非常难得，相隔那么长时间才能出现一位。因而，如果遇上罕见的圣贤之人，怎么能不亲近仰慕他呢？我生于乱世，在兵荒马乱中长大，一生流离漂泊，所见所闻很多，遇到有名望的贤人，未尝不心醉神迷、向往倾慕。人在年轻的时候，思想性格尚未定型，与贤人密切交往，亲密融洽地相处。就会受到熏陶濡染，即使无心效仿，言谈举止自然受到潜移默化的影响，与贤人有许多相似之处；操行才能，受贤人的影响就更明显了。因此，与好人相处，如同进入种满芝兰的房屋，时间久了，自然也会变得无比芬芳；与坏人相处，如同进入满是鲍鱼的店铺，时间久了，自然会染上臭味。墨子悲叹白丝浸在黄色染缸就变黄，浸在黑色染缸就变黑，指的就是这个道理。君子结交朋友一定要慎重。孔子说："不要跟不如自己的人结交朋友。"颜渊、闵子骞之类的贤人，一辈子也难得遇上一位！只要比自己强的人，就值得敬重他。

原文

世人多蔽，贵耳贱目，重遥轻近。少长周旋①，如有贤哲，每相狎

71

侮，不加礼敬；他乡异县，微藉风声②，延颈企踵③，甚于饥渴。校其长短，核其精粗，或彼不能如此矣，所以鲁人谓孔子为东家丘，昔虞国宫之奇，少长于君，君狎子，不纳其谏，以至亡国，不可不留心也。

注释

① 少长：此指从年少至长大。周旋：交往。

② 藉：凭借，依靠。

③ 延：引伸。企踵：踮起脚后跟。

译文

世上的人有很多弊病，只重耳闻，不重眼见，看重远方的人，鄙薄身边的人，从小一起长大的人，如果其中有贤能聪明的，就有人揶揄怠慢，不尊敬他，他乡异地的人，稍有名气，有些人就只凭借耳闻，盲目崇拜，伸长脖子，踮起脚跟，如饥似渴地盼望。核实其长短，考察其优劣。远处的贤人或许还不如身边的贤人。所以鲁国人不认为孔子是圣人，而称孔子为东家丘；从前虞国的宫子奇，比国君略大一两岁。国君与他过于亲昵，因而，不肯接受他的劝谏，最终导致国家灭亡。对这种情况，不得不留心啊！

原文

用其言，弃其身，古人所耻。凡有一言一行，取于人者，皆显称之，不可窃人之美，以为己力；虽轻虽贱者，必归功焉。窃人之财，刑①辟之所处；窃人之美，鬼神之所责。

注释

① 刑辟：刑法；刑律。

译文

重视一个人的主张，而不能厚待这个人，古人认为这样做很可耻。

凡是一句话或一种美德，是从别人那里学来的，都应该说明出处，不能掠人之美，据为己有。自己所效法的人，即使地位低下，身份的卑贱，也应该归功于他。盗取别人的财物要受到法律的制裁；剽窃别人的功绩要受到鬼神的惩罚。

● 玉琮

原文

梁孝元前在荆州，有丁觇者，洪亭民耳，颇善属文，殊工草隶。孝元书记，一皆使之。军府[1]轻贱，多未之重，耻令子弟以为楷法，时云："丁君十纸，不敌王褒[2]数字。"吾雅爱其手迹，常所宝持。孝元尝遣典签惠编送文章示萧祭酒[3]，祭酒问云："君王比赐书翰[4]。及写诗笔[5]，殊为佳手，姓名为谁？那得都无声问？"编以实答。子云叹曰："此人后生无比，遂不为世所称，亦是奇事。"于是闻者稍复刮目。稍仕至尚书仪曹郎[6]，末为晋安王侍读[7]，随王东下。及西台陷殁，简牍湮散，丁亦寻卒于扬州；前所轻者，后思一纸，不可得矣。

注释

① 军府：时萧绎都督六州军事，故称其治所为军府。

② 王褒：字子渊，琅玡临沂人，工书法，为时所重。

③ 典签：官名。权力甚大，称为签帅。祭酒：官名。

④ 比：近。书翰：指书信。

⑤ 诗笔：六朝人以诗笔对言，笔指无韵之文。

⑥仪曹郎：职官名。

⑦晋安王：梁简文帝萧纲于梁天监五年封晋安王。侍读：诸王属官，职务是给诸王讲学。

译文

梁朝孝元帝在荆州时，有一位名叫丁觇的人，是洪亭的平民，擅长写文章，还善于书写草书、隶书；孝元帝发布的公文、命令，都由他抄。将帅幕府中的大多数，认为丁觇地位低下，瞧不起他，觉得让子弟跟他学书法是可耻的事。当时流传着这样一句话："丁君十张纸，不如王褒几个字。"我向来喜爱丁君的书法，常常收集他的墨迹。孝元帝曾派名叫惠编的典签，将丁觇的文章送给萧祭酒看，萧祭酒问道："君王近来赐送的文章的作者和抄写文章的人，真是一位高手。这个人叫什么名字？怎么没有一点名声呢？"惠编就把实情告诉他。他赞叹道："这个人真是后生可畏，竟然不被世人所赏识，也是怪事！"于是，听说了这件事的人，才渐渐地对丁觇另眼相看。丁觇的官职逐渐地升到尚书仪曹郎，后来又担任晋安王的侍读，跟随晋安王顺江东行。江陵被攻陷后，文书典籍大量散失，丁觇不久也死于扬州。从前瞧不起他的人，后来想得到一张他的手迹，也不可能了。

原文

侯景初入建业，台门①虽闭，公私草扰，各不自全。太子左卫率羊侃坐东掖门，部分②经略，一宿皆办，遂得百余日抗拒凶逆。于时，城内四万许人，王公朝士，不下一百，便是恃侃一人安之，其相去如此。古人云："巢父、许由③，让于天下；市道小人，争一钱之利。"亦已悬④矣。

齐文宣帝即位数年，便沉湎纵恣，略无纲纪；尚能委政尚书令杨遵彦，内外清谧，朝野晏如，各得其所，物无异议，终天保⑤之朝。遵彦后为孝昭⑥所戮，刑政于是衰矣。斛律明月，齐朝折冲⑦之臣，无罪被诛，将士解体，周人始有吞齐之志，关中至今誉之。此人用兵，岂止万

夫之望^⑧而已哉！国之存亡，系其生死。

张延隽之为晋州行台^⑨左丞，匡维主将，镇抚疆场^⑩，储积器用，爱活黎民，隐^⑪若敌国矣。群小不得行志，同力迁之；既代之后，公私扰乱，周师一举，此镇先平。齐亡之迹，启于是矣。

注释

① 台门：台城的城门。朝廷禁近之地称台。

② 部分：部署处分。经略：策划处理。

③ 巢父、许由：俱为唐尧时人，尧以天下让此二人，皆不受。

④ 悬：悬殊。

⑤ 天保：北齐文宣帝年号。

⑥ 孝昭：北齐孝昭帝，名高演，字延安。

⑦ 折冲：使敌战车后撤，即击退敌军。冲，战车的一种。

⑧ 万夫之望：即众望所归的意思。

⑨ 行台：凡朝廷遣大臣督诸军于外，谓之行台。

⑩ 疆场：国界。

 白石残件佛手

⑪隐：威重之貌。敌国：与国相匹敌。

译文

　　侯景刚攻破了建业，当时尽管宫门已经紧闭，宫廷上下一片混乱，各人自身难保。太子左卫率羊侃坐镇东宫，分兵部署，处置筹划，一夜之间就安排妥当，抵抗叛军，才得以坚守了一百多天。当时城内有四万人左右，皇室贵族、朝中臣子不下百人，只依仗羊侃一个人得以安身。人的才能高低，相差太大了。古人说："巢父、许由，谦让天下，而市井小人，争夺微利。"他们之间的境界高低也是相差太大了。

　　齐朝文宣帝即位没几年，就放纵沉溺于酒色，无法无天。多亏他能授权于尚书令杨遵彦，才能天下太平，朝野相安无事，各得其所，民众对国家大事没有非议，这种局面一直延续到天保末年。后来杨遵彦被孝昭帝杀害，刑罚政令也从此丧失效力。斛律明月是齐朝的主帅，无辜被杀，因而军心涣散，北周才顿生吞并齐国的野心。在关中，人们至今还对斛律明月称赞不已。这个人用兵打仗，岂止是千军万马所瞩望而已！他的生死，决定了国家的存亡。

　　张延隽是晋州行台左丞，统帅众将，镇守边疆，储备兵器，积蓄器物，爱护黎民百姓，声望威严足抵一个敌国。一些不得志的小人，合力排挤他。后来取代他的人，是个无能之辈，上下治理得到处混乱，北周的军队举兵进攻齐国。晋州首先被扫平。齐朝灭亡的征兆，就是从这开始显露的。

卷第三

勉　学

第八篇　勉　学

原文

　　自古明王圣帝，犹须勤学，况凡庶乎！此事遍于经史，吾亦不能郑重①，聊举近世切要，以启寤②汝耳。士大夫子弟，数岁已上，莫不被教，多者或至《礼》《传》，少者不失《诗》《论》。及至冠③婚，体性稍定；因此天机，倍须训诱。有志尚者，遂能磨砺，以就素业④，无履立者，自兹堕⑤慢，便为凡人。人生在世，会当有业：农民则计量耕稼，商贾则讨论货贿，工巧则致精器用，伎艺则沉思法术，武夫则惯习弓马，文士则讲议经书，多见士大夫耻涉农商，差务工伎⑥，射则不能穿札⑦，笔则才记姓名，饱食醉酒，忽忽无事，以此销日，以此终年。或因家世余绪⑧，得一阶半级，便自为足，全忘修学；及有吉凶大事，议论得失，蒙然⑨张口，如坐云雾；公私宴集，谈古赋诗，塞默低头，欠伸而已⑩。有识旁观，代其入地。何惜数年勤学，长受一生愧辱哉！

注释

①郑重：这里是频繁的意思。

②寤：通"悟"。

③冠：古代男人20当行加冠之礼。称冠礼，表示已成年。

④素业：清素之业，即士族所从事的儒业。

⑤堕：通"惰"。

⑥伎：技艺。

⑦札：古代铠甲上的金属叶片。

⑧余绪：本指蚕茧抽丝后留下的残丝。这里指家世余荫。

⑨蒙然：蒙昧无知，昏昏然。

⑩欠：打呵欠。伸：伸懒腰。

译文

　　自古以为贤明的君王，还必须刻苦学习，何况平常的人呢！这种事经籍史书中多有记载。我不能一一列举，姑且举近代的主要事例，来启发开导你们，士大夫的子弟，几岁以后，没有不接受教育的。他们中学得多的，已经学到《礼经》、《春秋三传》；学得少的，也学到《诗经》、《论语》。到了举行冠礼、婚礼的年龄，身体、性情逐渐定型，更要利用这个良机，加倍地接受训导教诲。有志向的人，就要经得起磨炼，成就事业；没有志向、缺乏毅力的人，从此懈怠，就变成了平庸之人。人生在世，应当从事一项职业，农民盘算筹划农事，商人琢磨发财之道，工匠致力于

● 青瓷狗熊

制造精巧的器物，艺人潜心专研技艺，武士经常练习射箭骑马，文人讲解议论经书。我常常看见有些士大夫，不屑于务农、经商，不愿意从事工匠、艺人的职业。射箭则不能射穿盔甲上的叶片，写字只会写自己的名字，吃饱喝足，百无聊赖，无所事事，消磨时光，虚度一生。有的士大夫凭借祖上流传下来的功业，谋得一官半职，就自我满足，全然忘记研习学业；一旦遇上重大事件，评论得失，就糊里糊涂，张口结舌，如同坠入五里云雾之中；参加官府及私人宴会，人家在谈古论今、吟诗赋词的时候，他或者低头不语，或者打哈欠、伸懒腰。有见识的旁观者，都替他羞愧得恨不得钻到地下去，这些士大夫为什么当初不花几年工夫刻苦学习，而要一生遭受羞辱呢？

原文

　　梁朝全盛之时，贵游子弟①，多无学术，至于谚云："上车不落则著作②，体中何如则秘书。"无不熏衣剃面，傅粉施朱，驾长檐车③，跟高齿屐④，坐棋子方褥⑤，凭斑丝隐囊⑥，列器玩于左右，从容出入，望若神仙。明经⑦求第，则顾⑧人答策；三九⑨公宴，则假手赋诗。当尔之时，变快士⑩也。及离乱之后，朝市⑪迁革，铨衡选举，非复曩者之亲；当路秉权，不见昔时之党。求诸身而无所得，施之世而无所用。被褐而丧珠，失皮而露质，兀若枯木，泊若穷流，鹿独⑫戎马之间，转死沟壑之际。当尔之时，诚驽材也。有学艺者，触地而安。自荒乱以来，诸见俘虏。虽百世小人，知读《论语》《孝经》者，尚为人师；虽千载冠冕，不晓书记者，莫不耕田养马。以此观之，安可不自勉耶？若能常保数百卷书，千载终不为小人⑬也。

注释

　　①贵游子弟：无官职的王公贵族叫贵游，他们的子弟就叫贵游子弟。这里是泛称贵族子弟。

　　②著作：即著作郎，官名，掌编纂国史。体中何如：当时书信中的客套话。

③ 长檐车：一种用车幔覆盖整个车身的车子。

④ 高齿屐：一种装有高齿的木底鞋。

⑤ 棋子方褥：一种用方格图案的丝织品制成的方形坐褥。

⑥ 隐囊：靠枕。

⑦ 明经：六朝以明经取士。

⑧ 顾：同雇。答策：即对策。

⑨ 三九：即三公九卿。

⑩ 快士：优秀人物。

⑪ 朝市：此指朝廷。

⑫ 鹿独：颠沛流离的样子。

⑬ 小人：指平民百姓。

译文

梁朝鼎盛时期，贵族子弟大多不学无术，以至于谚语说："上车不掉下来就可以当著作郎，提笔能写日常问候的书信就可以做秘书郎。"这些贵族子弟都用香草熏衣，把脸刮得干干净净，涂脂抹粉，乘长檐车，穿高齿木履，坐着丝绸缝制的方形坐褥，靠着杂色丝绸缝制的靠枕，把玩赏之物摆在身边，进进出出，悠闲安逸，远远望去，犹如神仙一般。参加科举考试就雇人考，参加三公九卿的宴会，就请人替他做诗。在当时，这些人也算得上快活的人。战乱之后，改朝换代，掌握推荐人才大权的人，不再是从前的亲戚，朝中当权的人，不再是从前的同党，进而想跻身于社会，竟毫无本事，退而想讲求个人的品行，又一无是处。他们披着粗布衣服，失去了珠宝，华丽的外表被揭去。露出真实的面目，呆头呆脑像一截枯木，像一条干涸的河流。在兵荒马乱的年代，他们颠沛流离，暴尸荒野。到了这时候，他们才觉得自己是个无用的人。那些具备真才实学的人，就能随遇而安。自离乱以来，可以看到那些俘虏中，有些人即使世代都是平民，只要读过《论语》、《孝经》，还可以去当教师谋生；有些人即使是世代为官，如果不懂得书写记录，只好沦为种地养马的奴仆。从中可以看出，怎么能不勉励自己刻苦学习呢？如果能

熟读百卷经书，永远也不至于沦为低贱的人。

原文

夫明《六经》之指[1]，涉百家之书，纵不能增益德行，敦厉风俗，犹为一艺[2]，得以自资。父兄不可常依，乡国不可常保，一旦流离，无人庇荫，当自求诸身耳。谚曰："积财千万，不如薄伎在身。"伎之易习而可贵者，无过读书也。世人不问愚智，皆欲识人之多，见事之广，而不肯读书，是犹求饱而懒营馔[3]，欲暖而惰裁衣也。夫读书之人，自羲、农[4]已来，宇宙之下，凡识几人，凡见几事，生民之成败好恶，固不足论，天地所不能藏，鬼神所不能隐也。

注释

①六经：指《诗》、《书》、《乐》、《易》、《礼》、《春秋》。指：通"旨"。

②艺：技艺，才能。

③营馔：营治膳食。

④羲、农：伏羲、神农，均为传说中的古代帝王，与女娲并称三皇。

译文

读懂六经的要旨，弄通诸子百家的著作，即使不能修炼个人德行，改变社会风气，也算是掌握一门学问，可以靠它自谋生路。父亲、兄长不能长期依赖，国家难以长治久安，也不能长久依靠，一旦颠沛流离，应当求助于自己。谚语说："家财万贯，不如一技在身。"技艺中最容易学习而且值得崇尚的莫过于读书。世上的人不论是聪明还是愚蠢，都希望认识很多的人，见识很多事，却不肯用功读书，这就好像想吃得饱，又懒得做饭，想穿得暖和，又懒得做衣服。自从伏羲、神农以来，喜欢读书的人，认识了宇宙之下的多少人，见识了宇宙之下的多少事，看到了人类的成败与好恶，这些就不用说了，就连天地万物道理，鬼神之事，也都能通晓。

原文

有客难主人[①]曰："吾见强弩长戟[②]，诛罪安民，以取公侯者有矣；文义习吏[③]，匡时富国，以取卿相者有矣；学备古今，才兼文武，身无禄位，

● 铜壶

妻子饥寒者，不可胜数，安足贵学乎？"主人对曰："夫命之穷达，犹金玉木石也；修以学艺，犹磨莹雕刻也。金玉之磨莹，自美其矿璞[④]，木石之段块，自丑其雕刻；安可言木石之雕刻，乃胜金玉之矿璞哉？不得以有学之贫贱，比于无学之富贵也。且负甲为兵，咋[⑤]笔为吏，身死名灭者如牛毛，角立杰出者如芝草[⑥]；握素披黄[⑦]，吟道咏德，苦辛无益者如日蚀，逸乐名利者如秋荼[⑧]，岂得同年[⑨]而语矣。且又闻之：生而知之者上，学而知之者次。所以学者，欲其多知明达耳。必有天才，拔群出类，为将则暗与孙武[⑩]、吴起同术，执政则悬得管仲、子产之教，虽未读书，吾亦谓之学矣。今子即不能然，不师古之踪迹，犹蒙被而卧耳。"

注释

① 主人：作者自称。
② 弩、戟：均为古代兵器。
③ 文：文饰，这里作阐释解。义：礼仪。
④ 矿：未经冶炼的金属。璞：未经雕琢的玉石。
⑤ 咋：啃咬。
⑥ 角立：如角之挺立。芝草：即灵芝草。

⑦素：即绢素。黄：即黄卷。素、黄均代指书籍。

⑧秋荼：荼至秋而花繁叶密，比喻其多。

⑨周年：相等。

⑩孙武：春秋时杰出军事家，所著《孙子兵法》为中国最早最杰出的兵书。

译文

有位客人追问我说："我看见有的人只凭借强弩长戟，就去讨伐叛逆，安抚民心，以取得公侯的爵位；有的人只凭借精通文史，就去匡救时代，使国家富强，以取得卿相的官职。而学贯古今，文武双全的人，却没有官禄爵位，妻子儿女饥寒交迫，类似这样的事数不胜数，学习又怎么值得崇尚呢？"我回答说："人的命运坎坷或者通达，就好像金玉木石；钻研学问，掌握本领，就好像琢磨与雕刻的手艺。琢磨过的金玉之所以好看，是因为金玉本身是美物；一截木头、一块石头之所以难看，是因为尚未经过雕刻。但我们怎么能说雕刻过的木石胜过尚未琢磨过的宝玉呢？同样，我们不能将有学问的贫贱之士与没有学问的富贵之人相比。况且，身怀武艺的人，也有去当小兵的；满腹诗书的人，也有去当小吏的，身死名灭的人多如牛毛，出类拔萃的人少如芝草。埋头读书，传扬道德文章的人，劳而无益的，少如日蚀；追求名利，耽于享乐的人，四处碰壁的，多如秋草。二者怎么能同日而语呢？另外，我又听说："一生下来不学就会的人，是天才；经过学习才会的人，就差了一等。因而，学习是使人增长知识，明白通达。只有天才才能出类拔萃，当将领就暗合于孙子、吴起的兵法；执政者就同于管仲、子产的政治素养，像这样的人，即使不读书，我也说他们已经读过了。你们现在既然不能达到这样的水平，如果不效仿古人勤奋好学的榜样，就像盖着被子蒙头大睡，什么也不知道。"

原文

人见邻里亲戚有佳快①者，使子弟慕而学之，不知使学古人，何

84

其蔽也哉？世人但见跨马被甲，长稍强弓，便云我能为将；不知明乎天道，辩乎地利，比量逆顺，鉴达兴亡之妙也。但知承上接下，积财聚谷，便云我能为相；不知敬鬼事神，移风易俗，调节阴阳②，荐举贤圣之至③也。但知私财不入，公事夙办，便云我能治民；不知诚己刑④物，执辔如组⑤，反⑥风灭火，化鸱⑦为凤之术也。但知抱令守律，早刑晚舍⑧，便云我能平狱；不知同辕观罪，分剑追财，假言而奸露，不问而情得之察也。爰及农商工贾，厮役奴隶，钓鱼屠肉，饭牛牧羊，皆有先达。可为师表，博学求之，无不利于事也。

注释

① 佳快：优秀的意思。

② 阴阳：中国哲学的一对范畴，古代思想家以此解释自然界两种对立和相互消长的物质势力。

③ 至：周密。

④ 刑：通"型"。刑物：给人做出榜样。

⑤ 执辔如组：辔，马缰绳。组：用丝织成的宽带子。此句比喻御民有方。

⑥ 反：通"返"。回的意思。

⑦ 鸱：鸱鸮即猫头鹰，古人视之为恶鸟。

⑧ 早刑晚舍：用刑宁早，纵舍宁迟。

译文

人们一看见邻里乡亲中有地位显赫的人，就让自己的子弟钦慕他们，向他们学习，而不知道向古人学习，这是多么愚昧无知啊！世上有人以为只要会骑骏马、披盔甲、挺长矛、挽强弓，就认为自己能当将领；而不知道辨明天时地利，估量敌我形势的优劣，洞悉国家兴亡的规律。有人认为只要会奉承上司，指挥下属，积累财富，囤积粮食，就认为自己能当卿相；而不知道敬奉鬼神，移风易俗调顺阴阳，推贤荐能的道理。有人认为只要不谋取私利，不贪图钱财，勤于公务，就认为自己

能治理百姓；而不知道端正自己，作为民众的表率，像驾驭车马一样驾驭民众，为民请命，教化民众的方法。有人以为只要谨守法令规律，及早判罪，延迟赦免，就认为自己会审理案件；而不知道侦察、取证、审讯、推断等种种技巧。在古代，不管是务农的、做工的、经商的、当仆人的、做奴隶的，还是钓鱼的、杀猪的、喂牛的、放羊的，他们中间都曾出现过贤明通达之人，可以作为表率。如果能广泛向他们学习，对事业会有帮助的。

原文

夫所以读书学问，本欲开心明目，利于行耳。未知养亲者，欲其观古人之先意承颜①，怡声下气②，不惮劬劳，以致甘腝③，惕然惭惧，起而行之也。未知事君者，欲其观古人之守职无侵，见危授命④，不忘诚谏，以利社稷，恻然自念，思欲效之也。素骄奢者，欲其观古人之恭俭节用，卑以自牧⑤，礼为教本，敬者身基，瞿然自失，敛容抑志也；素鄙吝者，欲其观古人之贵义轻财，少私寡欲，忌盈恶满，赒穷恤匮，赧然悔耻，积而能散也；素暴悍者，欲其观古人之小心黜己，齿弊舌存⑥，含垢藏疾，尊贤容众，苶⑦然沮丧，若不胜衣⑧也；素怯懦者，欲其观古人之达生委命⑨，强毅正直，立言必信，求福不回⑩，勃然奋厉，不可恐慑也：历兹以往，百行皆然。纵不能淳，去泰去甚⑪。学之所知，施无不达。世人读书者，但能言之，不能行之，忠孝无闻，仁义不足；加以断一条讼，不必得其理；宰千户县⑫，不必理其民；问其造屋，不必知楣横而梲⑬竖也；问其为田，不必知稷早而黍迟也；吟啸谈谑，讽咏辞赋，事既优闲，材增迂诞，军国经纶，略无施用，故为武人俗吏所共嗤诋⑭，良由是乎！

注释

① 先意承颜：指孝子先父母之意而顺承其志。
② 怡声下气：指声气和悦，形容恭顺的样子。
③ 甘腝：肉柔软脆嫩的食物。

④ 授命：献出生命。

⑤ 卑以自牧：以谦卑自守。

⑥ 齿弊舌存：意思是说物之刚者易亡折而柔者常得存。

⑦ 苶：疲倦的样子。

⑧ 不胜衣：谦恭退让的样子。

⑨ 达生：不受世务牵累。委命：听任命运支配。

⑩ 不回：不违祖先之道。

⑪ 去泰去甚：去其过甚。

⑫ 千户县：指最小的县。

⑬ 楣：房屋的横梁。棁：梁上的短柱。

⑭ 嗤诋：讥笑，毁谤。

译文

读书钻研学问，本来是为了启发智力，开阔视野，以利于修炼品行。对于那些不知奉养双亲的人，要让他们借鉴古人对父母承颜欢笑，

● 陶马

低声静气，不辞辛劳地为父母罗致甘美软嫩食物的品行；从而使他们感到惭愧，以实际行动来效仿古人。对于那些不知侍奉君王的人，要让他们借鉴古人忠于职守，不滥用职权，危难之中勇于承担责任，不忘劝谏，为国家社稷谋利的品行，从而使他们躬身反省，念念不忘效法古人。对于那些一向骄奢淫侈的人，要让他们借鉴古人恭敬省俭，谦卑自持，以礼教为修身养性之本，以恭敬为待人处世之道的品行，使他们警觉自己的过失，有所收敛，有所节制。对于那些一向鄙陋吝啬的人，要让他们借鉴古人重义气，轻钱财，清心寡欲，不存杂念，戒骄戒躁，周济穷困危难之人的品行，使他们悔恨以前的所作所为，既能聚积财物，又能施舍与人。对于那些一向残暴骄悍的人，要让他们借鉴古人小心谨慎，委曲求全，懂得坚齿易坏，软舌尚存的道理，容忍别人的缺点，敬重贤者，宽待众人的品行，使他们幡然悔悟，学会谦让。对于那些一向懦弱的人，要让他们借鉴古人乐天达命，刚毅正直，言而有信，不靠歪门邪道求福的品行，使他们奋发励志，不再胆怯恐惧，除此之外，多方面的品行，都可以从书中得到借鉴。即使无法学得完整，也能够避免极端过分的言行。只要多学习，做起事来就会得心应手。世上有些读书人，只知道谈论古人的长处，却不会身体力行。因而，再也听不到忠厚的事迹，很少见到仁义的举动。他们与人打官司，不会据理力争；当县令，不会治理百姓；盖房子，不懂得房屋的结构；从事耕作，不知道农作物的生长规律；只会高谈阔论，吟诗作赋，悠闲自在，无所事事，更不具备经国济世的本领。因而这些人遭到军士胥吏的讥讽诋毁，也实在是事出有因啊！

原文

夫学者所以求益耳。见人读数十卷书，便自高大，凌忽长者，轻慢同列。人疾之如仇敌，恶之如鸱枭①。如此以学自损，不如无学也。

注释

①鸱枭：鸱为猛禽，枭传说食母，古人以为皆恶鸟。

译文

学习是为了有所收获，我看有些人，读了数十卷书，就自高自大，轻慢长辈，鄙薄同侪。人们像憎恶仇敌一样憎恶这种人，像厌恨鸱鸟一样厌恨这种人。因为有了点学问反而使自己的品行受损，还不如没有学问。

原文

古之学者为己，以补不足也；今之学者为人，但能说之也。古之学者为人，行道以利世也；今之学者为己，修身以求进也。夫学者犹种树也；春玩其华，秋登其实；讲论文章，春华也，修身利行①，秋实也。

注释

① 修身利行：涵养德性，以利于事。

译文

古人学习是为了自己，用来弥补自己的不足；现在的人学习是为了别人，只求能说会道。古人学习是为了别人，实践真理，为社会谋利。现在的人学习是为了自己，提高自己的学问修养，谋取官禄爵位。学习就像种树，春天可以观赏花朵，秋天可以收获果实；讲演谈论文章，如同春花；修身养性为社会谋利，如同秋实。

原文

人生小幼，精神专利，长成已后，思虑散逸，固须早教，勿失机也。吾七岁时，诵《灵光殿赋》，至于今日，十年一理，犹不遗忘；二十之外，所诵经书，一月废置，便至荒芜矣。然人有坎壈①，失于盛年，犹当晚学，不可自弃。孔子云："五十以学《易》，可以无大过矣。魏武、袁遗，老而弥笃，此皆少学而至老不倦也。曾子七十乃学，名闻天下；荀卿②五十，始来游学，犹为硕儒；公孙弘四十余，方读《春秋》，

以此遂登丞相；朱云亦四十，始学《易》、《论语》；皇甫谧二十，始受《孝经》、《论语》：皆终成大儒，此并早迷而晚寤也。世人婚冠未学，便称迟暮，因循③面墙，亦为愚耳。幼而学者，如日出之光，老而学者，如秉烛夜行，犹贤乎瞑目而无见者也。

注释

① 坎壈：困顿，不得志。
② 荀卿：荀子。
③ 因循：沿袭保守，疲沓不振。

译文

人在小的时候，精神专一；长大以后，心思分散。因此，必须重视早期教育，不能错过良机。我在 7 岁的时候，背诵过《灵光殿赋》，直到现在，每隔十年温习一遍，还都能记得，20 岁以后背诵过的经书，如果过一个月不温习，就忘得差不多了。然而，人的一生有许多坎坷，要是年轻时失去了学习的机会，到了晚年也应该加紧学习，不能自暴自弃。孔子说："到了 50 岁学习《易经》，就可以避免大的过错。"曹操和袁遗，到了晚年更加专心刻苦，这两个人都是小时候好学，到老依然孜孜不倦。曾子 70 岁才开始学习，后来名闻天下；荀子 50 岁才出来游学，还成为一代宗师。公孙弘 40 多岁才读《春秋》，因熟读《春秋》当上了

● 玉猪

卿相；朱云也是 40 多岁才开始学《易经》、《论语》；皇甫谧 20 岁才学《孝经》、《论语》，后来他们都成为大学者。这些人都是年纪小的时候不用功，到了老了才醒悟过来。世上的人到了举行婚礼、冠礼的年龄，如果还没有接受教育，就觉得一切都晚了，于是一直这样拖延下去，就像面对墙壁，一无所见，也是太愚昧了。小时候好学，就像旭日东升放出的光芒；老的时候好学，就像手持蜡烛在夜里行走，这也比闭上眼睛，什么也看不见的人强多了。

原文

学之兴废，随世轻重。汉时贤俊，皆以一经弘圣人之道，上明天时，下该人事，用此致卿相者多矣。末俗已来不复尔①。空守章句②，但诵师言，施之世务，殆无一可。故士大夫子弟，皆以博涉为贵，不肯专儒。梁朝皇孙以下，总丱之年③，必先入学，观其志尚，出身已后④，便从文吏，略无卒业者。冠冕⑤为此者，则有何胤、刘瓛、明山宾、周舍、朱异、周弘正、贺琛、贺革、萧子政、刘绍等，兼通文史，不徒讲说也。洛阳亦闻崔浩、张伟、刘芳，邺下又见邢子才：此四儒者，虽好经术，亦以才博擅名。如此诸贤，故为上品，以外率多田野间人，音辞鄙陋，风操蚩拙，相与专固，无所堪能，问一言辄酬数百，责其指归，或无要会⑥。邺下谚云："博士买驴⑦，书券三纸，未有驴字。"使汝以此为师，令人气塞。孔子曰："学也禄在其中矣。"今勤无益之事，恐非业也。夫圣人之书，所以设教，但明练经文，粗通注义，常使言行有得，亦足为人；何必"仲尼居"即须两纸疏义⑧，燕寝讲堂⑨，亦复何在？以此得胜，宁有益乎？光阴可惜，譬诸逝水。当博览机要，以济功业；必能兼美，吾无间焉⑩。

注释

① 末俗：末世的风俗。
② 章句：指古书的章节句读。
③ 丱：儿童的发髻向上分开的样子。总丱之年：指童年时代。

④ 出身：指出仕。

⑤ 冠冕：此处为仕宦的代称。

⑥ 要会：要旨的意思。

⑦ 博士：国子学中主讲《经》的人，此泛指执教的人。

⑧ 疏义：系对经注而言，注是注解经文，疏是演释注文。

⑨ 燕寝：闲居之处。讲堂：讲习之所。

⑩ 间：嫌隙，此处指点批评。

译文

　　学习风气是否浓厚，取决于社会是否重视知识的实用性。汉代的贤能都能以经术弘扬圣人之道，上通天文，下知人事，以此获得卿相官职的人很多。末世清淡之风盛行以来，读书人拘泥于文章词句，只会背诵师长的言论，落到实处，就派不上用场。士大夫子弟都崇尚广泛涉猎各种典籍，不愿意专攻儒家经术。梁朝贵族子弟，未成年时，必须先让他们入学，观察他们的志向与崇尚，走上仕途后，才学习文史，几乎没有人未能完成学业。当官的人中这么做的，有何胤、刘瓛、明山宾、周舍、朱异、周弘正、贺琛、贺革、萧子政、刘绍等，他们能兼通文史，不只是会讲解经术。我也听说洛阳有崔浩、张伟、刘芳，邺下有邢子才，这四位学者，不仅喜好经术，也以博学多才闻名。像这样的贤人，才是上品。此外，大多数人是乡间粗俗的闲人，言语鄙陋，举止粗俗，没有节操，与人相处，固执武断，没有一点本事，问他一句话，就回答数百句，词不达意，不得要领。邺下有句谚语说："博士买驴，写了三张契约，还没有写到一个驴字。"如果你们拜这样的人为师，会被他气死了。孔子说："好好学习，官禄就在其中。"现在有人只在无益的事上尽力，恐怕无法成就功业。圣人的典籍，之所以要教育别人，只是为了阐明经义，精略地注释文章，使人的言行有所依据，足以懂得为人之道就行了。何必"仲尼居"三个字。就注释了两张，"仲尼居"的"居"是闲居的住所，还是讲习经术的厅堂，这一类的争议有什么意义呢？争个谁高谁低，又有什么必要呢？光阴似箭，应该珍惜，它像流水一样，一去

不复还。应当博览经典著作，以成就功业。如果能两全其美，那样我也就没必要再说什么了。

原文

俗间儒士，不涉群书，经纬①之外，义疏②而已。吾初入邺，与博陵崔文彦交游，尝说《王粲集》中难郑玄《尚书》事，崔转为诸儒道之。始将发口，悬见排蹙③，云："文集只有诗赋铭诔④，岂当论经书事乎？且先儒之中，未闻有王粲也。"崔笑而退，竟不以粲集示之。魏收之在议曹，与诸博士议宗庙事，引据《汉书》，博士笑曰："未闻《汉书》得证经术。"收便忿怒，都不复言，取《韦玄成传》，掷之而起。博士一夜共披⑤寻之，达明，乃来谢曰："不谓玄成如此学也。"

注释

① 经纬：经书和纬书。经书指儒家经典著作。纬书是汉代混合神学附合儒家经义的书。

② 义疏：解经之书。

③ 排蹙：排挤，此处引申为斥责。

④ 赋、铭、诔：均为文体名，与诗同为有韵之文。

⑤ 披：指打开书卷。

译文

世上的儒士，不能博览群书，除了研读经书、纬书之外，只读注解儒家经术的著作。我刚到邺都的时候，与博陵的崔文彦交往。有一次与他谈起《王粲集》中，关于诘难郑玄注解《尚书》的问题。崔文彦回头想要对诸位儒士说这个问题。刚要开口，一位儒士就犹犹豫豫，嗫嚅地说道："文集中收录诗歌词赋，铭文诔文，怎么会论述经书的问题呢？况且先前的儒士中，没听说过有王粲这个人。"崔文彦笑了笑，退了回来，终于没把《王粲集》给他看。魏收在议曹的时候，和几位博士议论宗庙的事；他引用《汉书》作论据，博士笑着说："没听说《汉书》能够论证

儒家经术。"魏收很生气，双方都不再吭声，魏收拿出《汉书·韦玄成传》，扔给博士，就起身离开了。博士在书中披阅寻找，到了天亮，才前来道歉说："原来不知道韦玄成还有这样的学问。"

原文

　　夫老、庄之书，盖全真养性[①]，不肯以物累己也[②]。故藏名柱史[③]，终蹈流沙；匿迹漆园，卒辞楚相，此任纵之徒耳。何晏、王弼，祖述玄宗[④]，递相夸尚，景附草靡[⑤]，皆以农、黄[⑥]之化，在乎己身，周、孔之业，弃之度外。而平叔以党曹爽见诛，触死权之网也；辅嗣以多笑人被疾，陷好胜之阱也；山巨源以蓄积取讥，背多藏厚亡之文也；夏侯玄以才望被戮，无支离臃肿之鉴也；荀奉倩丧妻，神伤而卒，非鼓缶之情也；王夷甫悼子，悲不自胜，异东门之达也；嵇叔夜排俗取祸，岂和光同尘之流也；郭子玄以倾动专势，宁后身外己之风也；阮嗣宗沉酒荒迷，乖畏途相诫之譬也；谢幼舆赃贿黜削，违弃其余鱼之旨也[⑦]：彼诸人者，并其领袖，玄宗所归。其余桎梏尘滓之中，颠仆名利之下者，岂可备言乎！直取其清谈雅论，剖玄析微，宾主往复[⑧]，娱心悦耳，非济世成俗之要也。洎于梁世，兹风复阐，《庄》、《老》、《周易》，总谓《三玄》。武皇、简文，躬自讲论。周弘正奉赞大猷[⑨]，化行都邑，学徒千余，实为盛美。元帝在江、荆间，复所爱习，召置学生，亲为教授，废寝忘食，以夜继朝，至乃倦剧愁愦[⑩]，辄以讲自释。吾时颇[⑪]预末筵，亲承音旨，性既顽鲁，亦所不好云。

注释

　　① 全真：保持本性。
　　② 不肯以物累己：不因为外物而损伤自己。
　　③ 柱下史：即柱下史省称，为周秦时官名。
　　④ 玄宗：指道教。
　　⑤ 景："影"的本字。
　　⑥ 农、黄：神农、黄帝。

⑦ 弃其余鱼：庄子舍弃自己所余的鱼，以示节俭知足之意。

⑧ 宾主往复：宾主问答。

⑨ 大猷：治国的大道。

⑩ 倦剧：非常疲倦。

⑪ 颇：此处是略微，偶尔之意。

译文

　　老子、庄子的著作，强调修身养性，保全本质，不想让身外之物妨碍自己的天性。因此，老子隐姓埋名在周朝担任柱下史，最终行游于沙，隐居起来。庄子在漆园隐身匿迹，推辞出任楚相。他们都是无所拘束、自由自在的人。何晏、王弼师传前人，论述道教的玄理，竞相宣扬崇尚道教。当时的人如影随形，如草随风一样地追随他们，都以神农、黄帝的教化作为立身之本，将周公、孔子的儒家经术置之度外。何晏因与曹爽结党而被斩，陷入争权夺利的罗网；王弼因讥笑别人而遭人憎恨，掉入争强好胜的陷阱；山巨源因蓄积财物而遭人讥讽，重蹈积蓄越多、失去越多的覆辙；夏侯玄因炫耀才学名望而被害，没有借鉴"支离臃肿"的经验，荀奉倩丧妻后，因过度悲伤而死，没有像庄子那样，丧妻后鼓盆而歌的通达之情；王夷甫丧子后，悲伤不已，不像东门子丧子后无忧无虑、潇洒豁达；嵇康因不随流入俗而遭祸害，并不是随流合众之人；郭象权倾一时，炙手可热，没有达到甘于人后、忘掉自我的境界；阮籍好酒

● 双系盘口壶

贪杯、荒诞迷乱，背离了险途中应该小心谨慎的古训；谢幼舆因贪赃枉法而被罢免，违背了不应该贪得无厌的教义。这些人，以及他们的带头人，都是皈依道教的。至于那些受到尘世污浊之风的熏染，追逐名利的人，难道还值得细说吗？他们只会高谈阔论，剖析玄奥微妙的义理，宾主之间互相问答，怡心悦耳，无助于济世济国。到了梁朝，这种清谈之风又盛行起来，《庄子》《老子》《周易》被总称为《三玄》。梁武帝、简文帝亲自讲解评论。周弘正奉命传播道教，门徒千余人，盛况空前。梁元帝在江州、荆州期间，也很喜欢讲习《三玄》，召集门生，亲自传授，废寝忘食，夜以继日，直到劳苦疲倦，才善罢甘休。我那时也在现场听他讲授，只是自己生性愚钝，也不太喜欢这一类的说教。

原文

齐孝昭帝侍娄太后疾，容色憔悴，服膳减损。徐之才为炙两穴，帝握拳代痛，爪入掌心，血流满手。后既痊愈，帝寻疾崩，遗诏恨不见太后山陵①之事。其天性至孝如彼，不识忌讳如此，良由无学所为。若见古人之讥欲母早死而悲哭之，则不发此言也。孝为百行之首，犹须学以修饰之，况余事乎！

注释

① 山陵：帝王或皇后的坟墓。此指孝昭帝母亲的丧事。

译文

齐朝的孝昭帝，在娄太后病重期间，一直在她身边待候，他脸色憔悴、茶饭不思。当徐子才给娄太后针刺两处穴位的时候，孝昭帝握紧双拳、用手指掐住手心，血流满手，想为娄太后代受疼痛。娄太后病愈后，孝昭帝却很快就病死了。他留下的诏书中，表示因不能为娄太后送终感到遗憾。他是如此的孝顺，又是如此的不知忌讳，的确是由于没有学问造成的。古人曾讥讽盼着母亲早死就可以为她哭丧的人；如果孝昭帝能从中了解到这件事，就不会说这样的话了。行孝者是所有德行中最

重要的，还需要有学问修养，何况别的事呢？

原文

梁元帝尝为吾说："昔在会稽①，年始12，便已好学。时又患疥，手不得拳，膝不得屈。闲斋张葛②帏避蝇独坐，银瓯贮山阴甜酒，时复进之，以自宽痛。率意自读史书，一日20卷，既未师受，或不识一字，或不解一语，要自重之，不知厌倦。"帝子之尊，童稚之逸，尚能如此，况其庶士，冀以自达者哉？

注释

① 会稽：郡名。
② 葛：一种多年生蔓草。

译文

梁元帝曾对我说："从前我在会稽的时候，年纪刚满12岁，就很好学，当时我患有疥病，手不能握拳，漆盖不能弯曲。我关上书房，张开葛草编的帏布，挡避苍蝇。一人独坐，用银瓯瓶装山阳甜酒，时而喝一点，用来镇痛。全神贯注地攻读史书，一天读20卷，当时没有老师传授，遇到不认识的字，不理解的句子，自己就反复揣磨，不知疲倦。"处于太子这样尊贵的地位，又处于悠闲自在的少年时代，尚且如此用功，希望有所成就的平民百姓就更应该刻苦学习。

原文

古人勤学，有握锥①投斧②，照雪聚萤，锄则带经，牧则编简，亦为勤笃。梁世彭城刘绮，交州刺史勃之孙，早孤家贫，灯烛难办，常买荻尺寸折之，然明夜读。孝元初出会稽，精选寮寀③，绮以才华，为国常侍兼记室，殊蒙礼遇，终于金紫光禄。义阳朱詹，世居江陵，后出扬都，好学，学贫无资，累日不爨④，乃时吞纸以实腹。寒无毡被，抱犬而卧，犬亦饥虚，起行盗食，呼之不至，哀声动邻，犹不废业，卒成学

士，官至镇南录事参军，为孝元所礼。此乃不可为之事，亦是勤学之一人。东莞臧逢世，年二十余，欲读班固《汉书》，苦假借不久，乃就姊夫刘缓乞丐客刺⑤书翰纸末，手写一本，军府服其志尚，卒以《汉书》闻。

注释

① 握锥：指战国时苏秦以锥刺股之事。

② 投斧：指文党投斧求学之事。

③ 寮宷：寮，同"僚"。宷，同"采"。引申为官的代称。

④ 爨：烧火煮饭。

⑤ 客刺：名刺，名片。

译文

古代勤奋好学的例子不胜枚举。苏秦读书时用锥子刺腿以驱赶睡意；文光投斧挂树，毅然前往长安求学；孙康在夜里靠雪地的反光念书；车武子收集萤火虫照明读书；儿宽、常林耕地时也常带着经书，抽空背诵；温舒一边放牧一边在蒲草上写字。这些都是勤奋好学的人。梁朝彭城的刘绮，是交州刺史刘勃的孙子，幼年丧父，家境贫困，买不起蜡烛，夜读时，常将买来的荻草折断燃烧，用来照明。孝元帝刚离开会稽时，挑选了一批官吏，刘绮因才华出众被任命为常侍兼记室参军，受到孝元帝的器重，后来被加封为金紫光禄大夫。义阳的朱詹，世代住

● 玉蝉

在江陵，后来迁到扬都，他刻苦好学，因家中贫困窘迫，连续几天无米下锅，就靠吃纸来填饱肚子。天冷没有毡被，就抱着狗取暖而睡。狗也饿得受不了，跑出来觅食，他叫了几声，也没有见它回来，那凄惨的叫声，惊动了四邻。即使在这种困境中，他依然没有荒废学业，最终成为一位学者，官位升至镇南录事参军，受到孝元帝的礼遇。这件事是很难做到的。他却做成了，也算是勤奋好学的人。东莞郡的臧逢世，20多岁的时候，想读班固的《汉书》，苦于不能长期借读，就向他的姐夫刘缓讨要写名片书信留下的边角纸，抄录《汉书》。幕府军中的同事都很钦佩他的毅力。臧逢世终于因精通《汉书》而闻名于世。

原文

　　齐有宦者内参①田鹏鸾，本蛮人也。年十四五，初为阉寺，便知好学，怀袖握书，晓夕讽诵。所居卑末，使役苦辛，时伺闲隙，周章②询请。每至文林馆③，气喘汗流，问书之外，不暇他语。及睹古人节义之事，未尝不感激沈吟久之。吾甚怜爱，倍加开奖。后被赏遇，赐名敬宣，位至侍中④开府。后主之奔青州，遣其西出，参伺动静，为周军所获。问齐王何在，绐云："已去，计当出境。"疑其不信，欧⑤捶服之，每折一支，辞色愈厉，竟断四体而卒。蛮夷童丱，犹能以学成忠，齐之将相，比敬宣之奴不若也。

注释

　　① 内参：官名，皇宫守门人。
　　② 周章：周游。
　　③ 文林馆：官署名。
　　④ 侍中：职官名。
　　⑤ 欧：通"殴"。
　　⑥ 支：通"肢"。

译文

　　齐朝有个宦官，叫田鹏鸾，本来是蛮族人，入宫当宦官时，才十四五岁，非常好学，书本随身携带，早晚背诵。尽管他职位低贱，整天忙碌，非常辛苦，还抓紧空余时间，四处奔走，向人请教。他每次到文林馆。都累得气喘吁吁，汗流浃背，除了请教书中问题，无暇谈别的事。他只要看到书中关于古人守节操、行仁义的事，都无不为之感慨不已。我非常喜欢这个孩子，极力开导鼓励他。后来他得到君王重用，被赐名为敬室，官位升到侍郎中开府。北齐后主逃往青州之前，派他到前面探路，结果被北周的军队俘虏，那些人向他盘问北齐后主的去向，他撒谎说："已经逃走了，估计已出了国境。"他们不相信，对他严加拷打，每打断一只手，一只脚，他的脸色就变得更加严厉，最后竟被打断四肢而死。蛮族的小孩，还能因为勤奋好学，变得忠心耿耿，而齐朝的文官武将，还不如这位名叫敬室的奴仆。

原文

　　邺平之后，见徙入关①。思鲁尝谓吾曰："朝无禄位，家无积财，当肆筋力，以申供养。每被课笃②，勤劳经史，未知为子，可得安乎？"吾命之曰："子当以养为心，父当以学为教。使汝弃学徇财，丰吾衣食，食之安得甘？衣之安得暖？若务先王之道，绍家世之业，藜羹缊绲③，我自欲之。"

注释

　　①邺平二句：指北周军队攻占北齐却城邺诚，灭北齐，北齐君臣被押送长安。

　　②笃：通"督"，察视。

　　③藜羹：用嫩藜煮成的羹，此乃粗劣的食物。缊绲：指敝劣的粗衣。

译文

　　邺都被北周军扫平之后，齐后主等人被遣送入关。颜思鲁曾对我说："朝廷没有了俸禄，家中又没有积累的财产，只好出卖体力来获得供养。以前您常督促我学习，我为了读经书，受尽了劳苦。您不能为儿子作长远考虑，现在该怎么办？"我训斥他说："儿子应当以提高修养为立身之本，父亲应当以督促你们学习为教育的原则。如果你们放弃学业去谋取钱财，我即使是丰衣足食，怎么会感到吃得甘甜，穿得暖和呢？如果你们致力于先王之道，继承祖上的事业，我即使是布衣蔬食，也感到心安理得。"

原文

　　《书》曰："好问则裕。"《礼》云："独学而无友，则孤陋而寡闻。"盖须切磋相起①明也。见有闭门读书，师心自是，稠人广坐，谬误差失者多矣。《穀梁传》称公子友与莒挐相搏，左右呼曰："孟劳。""孟劳"者，鲁之宝刀名，亦见《广雅》。近在齐时，有姜仲岳谓："'孟劳'者，公子左右，姓孟名劳，多力之人，为国所宝。"与吾苦诤。时清河郡守邢峙，当世硕儒，助吾证之，赧然而伏。又《三辅决录》云，灵帝殿柱题曰："堂堂乎张，京兆田郎。"盖引《论语》，偶以

● 青瓷鬼灶

四言，目京兆人田凤也。有一才士，乃言："时张京兆及田郎二人皆堂堂耳。"闻吾此说，初大惊骇，其后寻愧悔焉。江南有一权贵，读误本《蜀都赋》注，解"蹲鸱，芋也"，乃为"羊"字；人馈羊肉，答书云："损惠② 蹲鸱。"举朝惊骇，不解事义③，久后寻迹，方知如此。元氏之世④，在洛京时，有一才学重臣，新得《史记音》，而颇纰缪，误反"颛顼"字，项当为许录反⑤，错作许缘反，遂谓朝士言："从来谬音'专旭'，当音'专翾'耳。"此人先有高名，翕然信行；期年之后，更有硕儒，苦相究讨，方知误焉。《汉书·王莽赞》云："紫色蛙声，余分闰位。"谓以伪乱真耳。昔吾尝共人谈书，言及王莽形状，有一俊士，自许⑥史学，名价甚高，乃云："王莽非直鸱目虎吻，亦紫色蛙声。"又《礼乐志》云："给太官桐马酒。"李奇注："以马乳为酒也，捶桐乃成。"二字并从手。捶桐，此谓撞捣挺桐⑦之，今为酪酒亦然。向学士又以为种桐时，太官酿马酒乃熟。其孤陋遂至于此。太山羊肃，亦称学问，读潘岳赋："周文弱枝之枣。"为杖策之杖；《世本》"容成造历。"以历为碓⑧磨之磨。

注释

① 起：启发、开导。

② 损惠：谢人馈送礼物的敬辞。意谓对方降抑身份而加惠于己。

③ 乃义：此指以故比喻事物的意义。

④ 元氏之世：指北魏。元氏为北魏皇帝之姓。

⑤ 反：即反切，是我国给汉字注音的一种传统方法。

⑥ 自许：自我称许。

⑦ 挺桐：上下搅动。

⑧ 碓：舂谷的设备。

译文

《尚书·仲虺之诰》说："勤奋好学，就能丰富知识。"《礼记·学记》说："自己一个人学习，而没有朋友之间的互相切磋，就会变得孤陋寡闻。"这说明学习必须互相切磋、互相启发。闭门读书的人，容易自以为是，在大庭广众之中，就会经常出差错。《谷梁传》中提到公子友与莒摔跤，旁边的人叫道："孟劳。""孟劳"是鲁国的宝刀名。这个词也见于《尔雅》这本书。最近我在齐国，遇到有个叫姜仲岳的人，他对我说："'孟劳'是指公子友旁边那个姓孟名劳的人，这个人力气很大，是国家的宝物。"他极力和我争辩。当时清河郡的郡守邢峙也在场，他是当代的大学者，出面帮我印证这个问题，姜仲岳这才红着脸表示佩服。再比如，《三辅决录》中说："灵帝宫殿的门柱上题有：'堂堂乎张，京兆田郎。'"这句话大概出自《论语》，我认为：它是用"堂堂乎张"4个字来形容京兆的田凤长得相貌堂堂。一位有才学的士人，却认为这句话的意思说："当时的张京兆和田凤都长得相貌堂堂。"他对我的看法开始觉得很惊讶，后来很快就明白过来，自己也觉得羞愧。江南有一位权贵，读了有谬误的《蜀都赋》注本，本中将"蹲鸱，就是芋头，"误写作"蹲鸱，就是羊头。"因而，他收到别人馈送的羊肉以后，就回信答谢道："谢谢你送给我的蹲鸱。"朝廷上下对他的这种说法都感到很惊讶，不明白是什么意思。我经过多方探求，才知道是这么回事。元魏时期，我在洛阳的时候，有一位才学渊博的重臣，刚得到一本《史记音》，这本书的注音有很多谬误，书中针对"颛顼"的"顼"字的反切写错了，它本来应该读作许录反，书中误写作许缘反。这位重臣以讹化讹，对朝中人士说："人们历来都将'颛顼'误读作

● 龙形瓷器印章

‘专旭’，其实应当读作‘专’。"由于他当时名望很高，大家很信服遵从他的说法。一年以后，又有一位大学者，经过苦心研究探讨，才知道原来是那位大臣读错了。《汉书·王莽赞》说："紫色蛙声，余分闰位。"这句话大意是："王莽篡权是以假乱真。"从前，我曾与别人谈论《汉书》，谈到王莽的相貌。有个人才智出众，名望很高，自称精通史学，他说："王莽不只是眼如鹰目，唇如虎唇，而且脸色发紫，声如蛙鸣。"又如《汉书·礼乐志》说："给太官马酒。"李奇注解说："以马乳为酒也，揰挏乃成。""揰"、"挏"两个字，都是从"手"旁。揰挏这里是指撞动、搅拌的意思。现在的奶酪就是这样酿成的。从前的学士认为这句话是说种桐花的时候，太官才酿好马酒。他们孤陋寡闻竟然到了这种程度。泰山的羊肃，也是以博学见称，他读潘岳的赋，其中有"周文弱枝之枣"这句话，他将"弱枝"的"枝"当作"杖策"的"杖"；《世本》中有"容成造历"这句话，他将"历"字当作"春磨"的"磨"。

原文

　　谈说制文，援引古昔，必须眼学，勿信耳受。江南闾里①间，士大夫或不学问，羞为鄙朴，道听途说，强事饰辞：呼徵质②为周、郑，谓霍乱为博陆，上荆州必称陕西，下扬都言去海郡，言食则③馎口，道钱则孔方④，问移则楚丘，论婚则宴尔，及王则无不仲宣，语刘则无不公幹。凡有一二百件，传相祖述⑤，寻问莫知原由，施安⑥时复失所。庄生有乘时鹊起之说，故谢朓诗曰："鹊起登吴台。"吾有一亲表，作《七夕》诗云："今夜吴台鹊，亦共往填河⑦。"《罗浮山记》云："望平地树如荠。"故戴暠诗云："长安树如荠。"又邺下有一人《咏树》诗云："遥望长安荠。"又尝见谓矜诞为夸毗⑧，呼高年为富有春秋⑨，皆耳学之过也。

注释

　　① 闾里：乡里。

　　② 质：典当，抵押。

104

③ 饷：寄食。

④ 孔方：钱的别称。

⑤ 祖述：效法遵循前人的行为或学说。

⑥ 施安：疑为"施行"。

⑦ 填河：也称"填桥"。民间传说，每年七月七夕牛郎织女相会，群鹊衔接为桥以渡银河。

⑧ 夸毗：以阿谀，卑屈取媚于人。

⑨ 春秋：指年数。富有春秋：指年纪小。

译文

　　言谈，写文章，在援引古今的例证时，必须是从书中亲眼所见，不要相信耳闻。江南民间有的士大夫既不勤学好问，又羞于当粗汉鄙夫，就捡拾些道听途说，生搬硬套地修饰自己的语言。把索要抵押品说成"周郑"；把霍乱称之为霍光的封号"博陆"；上荆州一定要说成是："去陕西"；下金陵一定要说成"去海郡"；把吃饭说成"馎口"；把钱称作"孔方"；把迁移说成"楚丘"；把结婚说成"宴尔"；提到王姓的人，无不称"王粲"；说起刘姓的人，无不称"刘桢"；像这样一类的事有一二百件。俗人互相沿袭、互相影响，一旦问起他们为什么这么说，他们也说不出什么道理，往往用得驴唇不对马嘴。庄子有"乘时鹊起"的说法，于是谢叟生硬地套用"鹊起"一词，写出了"鹊起登吴台"的诗句；我有一位表亲简单地引用一个"鹊"字，写成"今夜吴台鹊，亦共往填河"的诗句。《罗浮山记》说："在山头上望平地树如荠"。于是有戴叟诗中"长安树如荠"的诗句；邺下有个人在《咏树》诗中也有"遥望长安荠"的诗句，也都属于生搬硬套；还有人将狂妄自大称作"夸毗"，将高年称作"富有春秋"。这些都是相信道听途说的过错。

原文

　　夫文字者，坟籍根本。世之学徒，多不晓字：读《五经》者，是徐邈而非许慎；习赋诵者，信褚诠而忽吕忱；明《史记》者，专徐、

● 莲花托

邹而废篆籀①；学《汉书》者，悦应、苏而略《苍》、《雅》。不知书音是其枝叶。小学②乃其宗系。至见服虔、张揖音义则贵之，得《通俗》、《广雅》而不屑。一手之中，向背如此，况异代各人乎？

夫学者贵能博闻也。郡国③山川，官位姓族，衣服饮食，器皿制度，皆欲根寻，得其原本；至于文字，忽④不经怀，己身姓名，或多乖舛，纵得不误，亦未知所由。近世有人为子制名：兄弟皆山傍立字，而有名峙者，兄弟皆提手傍立字，而有名搒者；兄弟皆水傍立字，而有名凝者。名儒硕学，此例甚多。若有知吾⑤钟之不调，一何可笑。

注释

①篆籀：大篆。
②小学：汉代指文字学，隋唐后是文字学、训诂学、音韵学的总称。
③郡国：汉代这划分了郡与国。郡直辖于朝廷，国分封于诸王侯。
④忽：轻视。经怀：留心。
⑤吾：应为晋。

译文

文字是典籍的根本，世上从师受业的人，大多不精通文字；读五经的人，遵从徐邈批评许慎；学习辞赋的人，信服褚诠，忽视吕忱；读《史记》的人，注重徐广、邹诞生对字义的研究，而废弃大篆小篆；学习

《汉书》的人，欣赏应邵、苏林的字书，而忽略了《苍颉篇》、《广雅》。他们不知道研究字音只是枝叶，研究词义才是根本。有的甚至只看重服虔、张揖研究音义的著作，不屑于《通俗文》、《广雅》等训诂文字的著作。同一个人的取舍标准尚且有那么大的差异，何况不同的时代，不同的人呢？

求学的人，尊尚广学博闻。对于郡国、山川、官位、姓族、衣服、饮食、器皿、制度等问题，都要寻根问底，了解原委。对于文字，他们却疏忽大意，连自己的名字姓氏，也常常写错，即使没有错误，也不知道其原委。近代有人为儿子起名：兄弟都以"山"旁的字命名，有的却名叫"峙"；兄弟都以"手"旁的字命名，有的却名叫"机"，兄弟都以"水"旁的字命名，有的却叫"凝"。大学者中，这样的例子也很多。如果被行家看出其中的不协调，该是多么可笑。

原文

吾尝从齐主幸[①]并州，自井陉关入上艾县，东数十里，有猎闾村。后百官受马粮在晋阳东百余里亢仇城侧。并不识二所本是何地，博求古今，皆未能晓。及检《字林》、《韵集》，乃知猎闾是旧𤢖余聚，亢仇旧是𥼚𠴟亭，悉属上艾。时太原王劭欲撰乡邑记注，因此二名闻之，大喜。

吾初读《庄子》"螝二首"。《韩非子》曰："虫有螝者，一身两口，争令相龁，遂相杀也。"茫然不知此字何音，逢人辄问，了无解者。案：《尔雅》诸书，蚕蛹名螝，又非二首两口贪害之物。后见《古今字诂》，此亦古之虺字，积年凝滞，豁然雾解。

尝游赵州，见柏人城北有一小水，土人亦不知名。后读城西门徐整碑云："洀流东指"。众皆不识。吾案《说文》，此字古魄字也，洀，浅水貌。此水汉来本无名矣，直以浅貌目之，或当即以洀为名乎？

世中书翰[②]，多称勿勿，相承如此，不知所由，或有妄言此忽忽之残缺耳。案：《说文》："勿者，州里[③]所建之旗也，象其柄及三斿[④]之形，所以趣[⑤]民事，故匆[⑥]遽者称为勿勿。"

注释

① 幸：帝王驾临。

② 书翰：书信。

③ 州里：泛指乡里。古代 2500 家为州，25 家为里。

④ 斿：古代旗末端，飘带之类下重饰物。

⑤ 趣：催。

⑥ 趒：急逐，急速。

译文

我曾经跟随齐王到过并州，由井陉关进入上艾县。上艾县向东数十里，有个猎间村。后来，百官曾在晋阳以东百余里的亢仇镇接受马匹粮食。我并不知道猎间村和亢仇镇是指什么地方，批阅大量的古今书籍，都未能弄明白。直到查阅了《字林》、《韵集》。才知道猎间村原来称作"余聚"，亢仇镇原来称作"享"，都隶属于上艾县。当时太原的王劭要撰写县志，我就把这两个村镇的名称告诉他，他非常高兴。

我刚读《庄子》时，看到"螝二首"这句话，《韩非子》中说："虫中有螝，一个身子两张嘴，为争食互相翔咬，因而互相残杀。"我茫然不知"螝"字的读音，逢人就问，根本没有人认识这个字，据考证：《尔雅》等字书认为，蚕蛹名叫"螝"，但它并不是有两个头两张嘴为抢食而互相残杀的虫子。后来看见《古今字诂》这本书，书中指出："螝"字就是古代的"虺"字。多年的疑惑豁然开朗、茅塞顿开。

● 石雕佛像

我曾经游历过赵州，见柏人城北边有片小沼泽地，当地人也不知道它的名称。后来我看了在城西门为徐整立的石碑，碑文中有"翾流东指"这句话，大家都不知道这句话是什么意思，我考证《说文解字》"洦"就是古代的"魄"字，浅水的样子。这片沼泽地从汉朝以来就没有名称，只是因为水浅就称它为"洦"，或许就该用"洦"字来给它命名么？

世人的书信中常写"匆匆"一词，这种写法一直沿袭下来，而没有人知道它的缘由，有的人妄加说明："匆匆"是"忽忽"的残缺字。经查阅：《说文解字·勿部》解释说："勿，是乡邑树立的旗帜。""勿"字的字形就像旗杆和旗穗，这种旗帜是用来催促民众服役的，所以将紧急匆忙称作"匆匆"。

原文

　　吾在益州①，与数人同坐，初晴日晃，见地上小光，问左右："此是何物？"有一蜀竖就视，答云："是豆逼耳。"相顾愕然，不知所谓。命取将来，乃小豆也。穷访蜀士，呼粒为逼，时莫之解。吾云：《三苍》、《说文》，此字白下为匕，皆训粒，《通俗文》音方力反。"众皆欢悟。

　　愍楚友婿②窦如同从河州来，得一青鸟，驯养爱玩，举俗呼之为鹖③。吾曰：鹖出上党，数曾见之，色并黄黑，无驳杂也。故陈思王④《鹖赋》云：'扬玄黄之劲羽。'"试检《说文》："鸼雀似鹖而青⑤，出羌中。"《韵集》音介。此疑顿释。

注释

　　① 益州：州名。
　　② 愍楚友婿：愍楚，颜之推的次子。友婿，同门女婿相称。今称连襟。
　　③ 举俗：众人，所有的人。
　　④ 陈思王：即曹植。

译文

　　我在益州的时候，与几个人在一起闲坐，天刚放晴，阳光很明亮，我看见地上有些小的光亮点，就问左右的人："这是什么东西？"有一蜀地的童仆靠近看了看，

镂空圆雕龙凤

回答道："是豆逼。"大家听了惊讶地互相看着，不知他说的什么，我叫他拿过来，原来是小豆。我曾经一一询问过蜀地的人，都把"粒"叫做"逼"，当时没有谁能解释这中间的道理。我就说："《三苍》《说文解字》中，这个字就是'白'下加'匕'，都解释为粒，《通俗文》作者作方力反。"大家高兴地领悟了。

　　悠楚的连襟窦如同从河州来，他在那边得到一只青色的鸟，把它驯养起来，喜爱地玩赏，所有的人都称这只鸟为鹝。我说："鹝出在上党，我曾经多次见过，它的羽毛的颜色全都是黄黑色，没有杂乱的颜色。所以曹植的《鹝赋》说：'鹝举起它那黄黑色的有力的翅膀。'"我试着翻检《说文解字》，上面说："鸪雀像鹝而毛色是青的，出产在羌中。"《韵集》的注音为"介"。这个疑问顿时就消除了。

原文

　　梁世有蔡朗者讳纯，既不涉学，遂呼莼① 为露葵。面墙② 之徒，递相仿效。承圣中，遣一士大夫聘③ 齐，齐主客郎李恕问梁使曰："江南有露葵否？"答曰："露葵是莼，水乡所出。卿今食者绿葵菜耳。"李亦学问，但不测彼之深浅，乍闻无以覈究。

　　思鲁等姨夫彭城刘灵，尝与吾坐，诸子侍焉。吾问儒行、敏行④

曰："凡字与咨议⑤名同音者，其数多少，能尽识乎？"答曰："未之究也，请导示之。"吾曰："凡如此例，不预研检，忽见不识，误以问人，反为无赖所欺，不容易也。"因为说之，得五十许字。诸刘叹曰："不意乃尔！"若遂不知，亦为异事。

注释

① 莼：莼菜，水生植物，不名"水葵"。嫩叶可作蔬菜。

② 面墙：不学的人如面对着墙，一无所见。所以此比喻不学。

③ 聘：出使，访问。

④ 儒行、敏行：颜之推侄，刘灵之子。

⑤ 咨议：刘灵的官号。此处代指刘灵。

译文

梁朝有位叫蔡郎的忌讳"纯"字，他既然不事学习，就把莼菜叫做露葵。那些不学无术之徒，也就一个跟着一个仿效。承圣年间，朝廷派一位士大夫出使齐国，齐国的主客郎李恕在席间问这位梁朝的使者说："江南有露葵吗？"使者回答说："露葵就是莼菜，那是水泊中出产的。您今天吃的是绿葵菜。"李恕也是有学问的人，只是还不了解对方的深浅，猛一听见这话也无法去核实推究。

思鲁等人的姨夫彭城的刘灵，曾经与我同坐闲谈，他的几个孩子在旁边陪侍。我问儒行、敏行说："凡与你们父亲名字同音的字，它的数目是多少，你们都能认识吗？"他们回答说："没有探究过这个问题，请您指导提示一下。"我说："凡是像这一类的字，如果平时不预先研究翻检，忽然见到又不认识，拿去问错了人，反而会被无赖所欺骗，不能满不在乎啊。"于是我就给他们解说这个问题，一共说出了50多个字。刘灵的几个孩子感叹道："想不到有这样多！"如果他们竟然一点不了解，那也确实是怪事。

原文

校定书籍，亦何容易，自扬雄、刘向，方称此职耳。观天下书未遍，不得妄下雌黄①。或彼以为非，此以为是；或本同末异；或两文皆欠，不可偏信一隅也。

注释

①雌黄：古人以黄纸写字，有误，则以雌黄涂之。因此称改易文字为雌黄。

译文

校定典籍，也不允许轻率对待，只有扬雄、刘向才算得上称职，如果没有读遍天下的典籍，就不能妄加修改校定。或者那一方认为是对的，这一方人认为是错的；或是观点大同小异，或是两种说法都有偏颇，所以不能偏听偏信，倒向一边。

卷第四

文章 名实 涉务

第九篇 文 章

原文

　　夫文章者，原出《五经》：诏命策檄①，生于《书》者也；序述论议②，生于《易》者也；歌咏赋颂③，生于《诗》者也；祭祀哀诔④，生于《礼》者也；书奏箴铭⑤，生于《春秋》者也。朝廷宪章，军旅誓⑥诰，敷显仁义，发明功德，牧民建国，施用多途。至于陶冶性灵，从容讽谏，入其滋味⑦，亦乐事也。行有余力，则可习之。然而自古文人，多陷轻薄：屈原露才扬己，显暴君过；宋玉体貌容冶，见遇俳优；东方曼倩，滑稽不雅；司马长卿，窃赀无操；王褒过章《僮约》；扬雄德败《美新》；李陵降辱夷虏；刘歆反复莽世；傅毅党附权门；班固盗窃父史；赵元叔抗竦过度；冯敬通浮华摈压；马季长佞媚获诮；蔡伯喈同恶受诛；吴质诋忤乡里；曹植悖慢犯法；杜笃乞假无厌；路粹隘狭已甚；陈琳实号粗疏；繁钦性无检格；刘桢屈强输作；王粲率躁见嫌；孔融、祢衡，诞傲致殒；杨修、丁廙，扇动取毙；阮籍无礼败俗；嵇康凌物凶终；傅玄忿斗免官；孙楚矜夸凌上；陆机犯顺履险；潘岳干没取危；颜延年负气摧黜；谢灵运空疏乱纪；王元长凶贼自诒；谢玄晖侮慢见及。凡此诸人，皆其翘秀者，不能悉记，大较如此。至于帝王，亦或未免。

自昔天子而有才华者，唯汉武、魏太祖、文帝、明帝、宋孝武帝，皆页世议，非懿德之君也。自子游、子夏、荀况、孟轲、枚乘、贾谊、苏武、张衡、左思之俦，有盛名而免过患者，时复闻之，但其损败居多耳。每尝思之，原其所积，文章之体，标举兴会，发引性灵，使人矜伐，故忽于持操，果于进取。今世文士，此患弥切，一事惬当，一句清巧，神厉九霄，志凌千载，自吟自赏，不觉更有傍人。加以砂砾所伤，惨于矛戟，讽刺之祸，速乎风尘，深宜防虑，以保元吉⑧。

注释

① 沼、命、策、檄：都为古代政府的一种公文。

② 序、述、论、议：均为古代文体名。

③ 歌、咏、赋、颂：均为古代诗体或韵文体名。

④ 祭、礼、哀、诔：均为古代哀祭类文体名。

⑤ 书奏：指书简、奏章等。

⑥ 誓：告诫将士或互相约束的言辞。

⑦ 滋味：味道。此指对文章魅力的感受。

 田玉法器

⑧元：大，吉：福。

译文

　　文章起源于《五经》；诏书、制命、对策、檄文之类的文章，源于《尚书》；叙述事件，议论道理之类的文章，源于《易经》；诗歌辞赋之类的文章，源于《诗经》；祭礼前人，追念其生平，以示悼念的哀诔之类的文章，产生于《礼记》；上书、奏章、箴言、铭文之类的文章，产生于《春秋》。朝廷的重要法令，军中的号令誓词，在弘扬仁义道德，阐述功业德行，治理民众，建设国家等方面，用途是很广泛的。至于陶冶性情，婉言劝谏，体味文章的妙趣，也是一件赏心乐事。生平行有余力，也可以学做文章。然而自古以来的文人，大多陷于轻浮放荡。例如：屈原就爱显露才华，表现自己，显扬暴露君主的过错；宋玉体态容貌艳冶出众，被人看作戏子；东方朔滑稽可笑，不够庄重；司马相如图谋资财，没有操守；王褒接近寡妇，还将此事公然写进《僮约》；扬雄作《剧秦美新》，向王莽献媚邀宠；李陵辱没身份，投降匈奴；刘歆在王莽执政时摇摆不定；傅毅依附结党于权贵；班固剽窃父亲写的史书；赵壹过

紫铜龟印章

分恃才傲物；冯敬通华而不实遭排挤；马季长奸巧陷媚被讥诮；蔡邕依附董卓而被杀；吴质横行霸道而触怒乡里；曹植傲慢无礼而触犯国法；杜笃死皮赖脸；路粹心胸狭隘；陈琳粗疏狂放；繁钦无法无天；刘桢桀骜不驯被罚做苦役；王粲轻率浮躁而遭人厌恶；孔融、祢衡狂放傲慢因而被害；杨修、丁廙蛊惑生事而遭殃；阮籍不守礼节、败坏礼俗；嵇康恃才自负，不得善终；傅玄计气争吵而被免职；孙楚傲慢自负，而触怒上司；陆机犯顺侵上，走上险恶的邪路；潘岳非法侵吞官府资财，自取倾危；颜延年意气用事因而遭贬；谢灵运空放粗疏，违背法纪；王元长惹火烧身，招致叛逆的罪责；谢朓轻侮怠慢而被害。所有这些人，都是出类拔萃的文人，不能一一记述，大抵都是这样。至于帝王中有文采的人，也在所不免。从古以来天子中有才华的人，只有汉武帝、魏太祖、魏文帝、魏明帝、宋孝武帝等。这些人都遭到世人的非议，都不是有美德的君主。至于像子游、子夏、荀况、孟轲、枚乘、贾祖、苏武、张衡、左思之类，享有盛名而能免除过患的人，有时也听说过，但他们大多经历了许多坎坷。我反复思考这件事，推究这种现象是怎样酿成的。大概是由于文章的功能在于表达作者的感受，抒发性灵，这容易使人盲目自负，疏忽磨炼节操，胆大妄为。现在的文人，这种弊病表现得更为明显。一件事办得恰当，一句话说得清新奇巧，就神气活现。趾高气扬，孤芳自赏，自我陶醉，旁若无人。再说，沙砾伤人比矛戟更厉害，讽刺别人招来的祸患比风雷来得更快，千万要谨慎小心，以保全自己。

原文

　　学问有利钝，文章有巧拙。钝学累功，不妨精熟；拙文研思，终归蚩鄙。但成学士，自足为人。必乏天才，勿强操笔。吾见世人，至无才思，自谓清华，流布丑拙，亦以众矣，江南号为伶痴符①。近在并州，有一士族，好为可笑诗赋，诳擎②邢、魏诸公，众共嘲弄，虚相赞说，便击牛酾酒③，招延声誉。其妻，明鉴妇人也，泣而谏之。此人叹曰："才华不为妻子所容，何况行路！"至死不觉。自见之谓明，此诚难也。

117

注释

① 伶痴符：古代方言，指没有才学而好夸耀的人。

② 诮擝：戏言嘲弄。擝：同撋。

③ 酾酒：斟酒。

译文

有的人笨拙。迟钝的人研究学问，只要刻苦用功，也能达到精深熟练的水平；笨拙的人写文章，即使深思熟虑，终归鄙俗不堪。一个人只要能成为学士，就足以立身于世。如果天生缺乏才气，就不要勉强地提笔撰文。我见过世界上的一些人，毫无才气，还自以为文笔清新华丽，将拙劣的文章四处传扬，这样的人不算少了。江南称这种人为"痴符"、"王婆卖瓜，自卖自夸"。近来我在并州，见到一位士族，他喜欢写一些自以为诙谐诗赋，调侃邢公、魏公，大家都在暗地里嘲笑他，表面上却在奉承敷衍。于是他就宰牛筛酒宴请大家，想赢得更多的赞誉。他的妻子是个明白人，流着泪规劝他，他叹着气说："我的才华连妻子都不欣赏，怎么能让外人欣赏呢？"至死都没有醒悟。人贵有自知之明，做到这一点实在是一件很难的事呀。

原文

学为文章，先谋亲友，得其评裁，知可施行，然后出手；慎勿师心①自任，取笑旁人也。自古执笔为文者，何可胜言。然至于宏丽精华，不过数十篇耳。但使不失体裁②。辞意可观，便称才士；要须动俗盖世，亦俟河之清乎！

注释

① 师心：以己意为师，即自以为是。

② 体裁：这里是文章的结构剪裁。

● 莲花纹瓦当

译文

学写文章，先得请教亲朋好友，得到他们的肯定，知道可以发表了，然后才拿出来。千万不能自以为是，让别人笑话。自古以来执笔写文章的人数不胜数，然而达到气势宏伟、华丽精当水平的文章不过数十篇而已。写的文章只要不违背结构体裁，内容值得一看，就可以称作学士。倘若一定要写出惊天动地的文章，就等到黄河变清的那一天吧。

原文

不屈二姓，夷、齐之节也；何事非君，伊、箕之义也。自春秋已来，家^①有奔亡，国有吞灭，君臣固无常分矣；然而君子之交绝无恶声，一旦屈膝而事人，岂以存亡而改虑？陈孔璋居袁裁书，则呼操为豺狼；在魏制檄，则目绍为蛇虺。在时君所命，不得自专，然亦文人之巨患也，当务从容消息^②之。

或问扬雄曰："吾子少而好赋。"雄曰："然。童子雕虫篆刻，壮夫不为也。"余窃非之曰："虞舜歌《南风》之诗，周公作《鸱鸮》之咏，吉甫、史克《雅》、《颂》之美者，未闻皆在幼年累德也。孔子曰："不学《诗》，无以言。""自卫返鲁，乐正，雅、颂各得其所。"大明孝道，

引《诗》证之。扬雄安敢忽之也？若论"诗人之赋丽以则，辞人之赋丽以淫"，但知变之而已，又未知雄自为壮夫何如也？著《剧秦美新》，妄③投于阁，周章怖慑④，不达天命，童子为耳。桓谭以胜老子，葛洪以方仲尼，使人叹息。此人直以晓算数，解阴阳，故著《太玄经》，数子为所惑耳；其遗言余行，孙卿、屈原之不及，安取望大圣之清尘？且《太玄》今竟何用乎？不啻覆酱瓿⑤而已。

注释

① 家：此指古代卿大夫及其家族。
② 消息：这里是斟酌的意思。
③ 妄：非分的，出了常规的。
④ 周章怖慑：仓惶惊恐。
⑤ 瓿：古代皿器名。

译文

不屈服于另一个王朝，这是伯夷、叔齐的节操；我所侍奉的哪一个不是君主呢？这是伊尹、箕子的原则。可是自从春秋以来，国破家亡是常有的事，君臣之间没有永久的定分。然而，君子之间一旦断绝，绝不互相辱骂。君臣一旦分手，臣子已经屈膝奉事别的君王了，怎么能因故国的存亡而改变对故君的态度呢？陈琳在袁绍手下为袁绍起草核算檄文，就

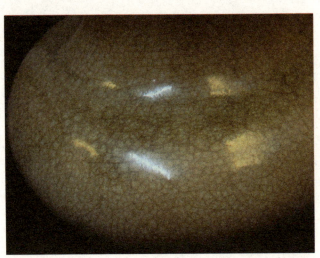

● 盘口壶

骂曹操是豺狼；在曹操麾下为曹操起草檄文，就骂袁绍是蛇虺。当然这是受命于君王，身不由己。然而这也是文人的大病，应当冷静巧妙地回避它。

有人问扬雄说："你从小就喜欢作辞赋吗？"扬雄回答说："是的。这不过是小时候的雕虫小技，成年人是不屑于作辞赋的。"我个人是不同意这种说法的；虞舜所作的《南风》，周公所作的《鸱鸮》，尹吉甫、史克所作的《雅》、《颂》，没听说这些都是他们在小时候写的，而且连累过自己的德行。孔子说："不学诗就不善辞令。""我从卫国回到鲁国，便开始整理乐章，将《雅》、《颂》的诗篇明确归类，各得其所。"孔子宏扬孝道，引用《诗经》为证，扬雄怎么敢于轻视这样的诗赋呢？他认为"古人诗赋美丽而可供效法，今人的诗赋华艳而过分荒唐。"这只是提出古代诗赋与现在诗赋的差别，我不知道扬雄成年时都写了些什么？他那本向王莽讨好的《剧秦美新》，害得自己投阁自杀而不成，整日惊慌失措，恐惧不安，一个人不达天命，不识去就，这才真是小孩子的所为啊！"桓谭认为扬雄胜过老子，葛洪认为扬雄可以与孔子相提并论，这种见解让人感到遗憾。这个扬雄只不过是通晓术数，懂得点阴阳，因而撰写了《太玄经》，有些人就被他迷惑了。他一生的所作所为，连荀子、屈原都赶不上，怎么去企望与步大圣人的后尘呢？再说《太玄经》现在看来又有什么价值呢？也只能用来盖盖酱瓿而已。

原文

齐世有席毗者，清干之士，官至行台尚书，嗤鄙文学，嘲刘逖云："君辈辞藻，譬若荣华①，须臾之玩，非宏才也；岂比吾徒千丈松树，常有风霜，不可凋悴矣！"刘应之曰："既有寒木，又发春华，何如也？"席笑曰："可哉！"

注释

① 荣华：朝菌，见日则死。

译文

　　齐代有个人叫席毗，是位清廉能干之士，官居行台尚书。他瞧不起文学。就嘲笑刘逖说："你们这类人卖弄词藻就像花草一样，只能供人赏玩片刻，不是栋梁之材。怎么能比得上我这样的常遇风霜而不凋零的千丈松树呢？"刘逖回答说："如果既是栋梁之材，又能表现出如春花般的才情，怎么样？"席毗笑了笑说："那就可以了！"

原文

　　凡为文章，犹人乘骐骥，虽有逸气^①，当以衔勒制之，勿使流乱轨躅^②，放意填坑岸也。

注释

　　① 逸气：俊逸之气。
　　② 轨躅：轨迹。

译文

　　撰写文章，就像人骑着骏马，虽然有一种飘逸之气，却要勒紧缰绳，有所约束，不能放任自流，不守规则，一味地纵意而行，以至于坠入沟壑。

原文

　　文章当以理致^①为心肾，气调为筋骨，事义^②为皮肤，华丽为冠冕^③。今世相承，趋本弃末^④，率多浮艳。辞与理竞，辞胜而理伏；事与才争，事繁而才损。放逸者流宕而忘归，穿凿者补缀而不足。时俗如此，安能独违？但务去泰去甚耳。必有盛才重誉，改革体裁者，实吾所希。

注释

① 理致：指作品的思想情趣。

② 事义：指作品所运用的材料，即下文所说的"用事"。

③ 冠冕：这里指服饰。

④ 趋本弃末：结合此段文意看，当为"趋末弃本"之误。末，指华丽。本，指理致、气调。

译文

文章应该以义理、情致为心肾，以气韵才调为筋骨，以叙事、措辞为皮肤，以华美奇丽为冠冕。现在世代相承的文风，弃本求末，大多过于浮艳，言辞与义理相争，突出文辞，掩盖义理；叙事与才调相争，叙事繁复，损害了才调。肆意飘逸的，则放任自流，忘掉了文章的本旨；穿凿拘泥的，则东修西补，文意不通；时尚如此，怎么能独自违背呢？只是要做到不能太离谱。一定要有一位才华横溢、有崇高声誉的人出来，要改变这种文风，这实在是我所期望的。

原文

古人之文，宏才逸气，体度风格，去今实远；但缉缀疏朴，未为密

● 独角卧兽手把件

致耳。今世音律谐靡，章句偶对，讳避精详，贤于往昔多矣。宜以古之制裁为本，今之辞调为末，并须两存，不可偏弃也。

译文

　　古人的文章，气势宏大，潇洒飘逸，体裁风格，与现在差别很大。只是古人结撰编著，在用词遣句、过渡钩连等方面不讲究，于是文章就显得不够精致细密。现在的文章，音律和谐华丽，辞句工整，避讳精到，大大超过了古人。应该以古文的体制格调为根本，以今人的文辞格调作补充。二者并存，不可偏废。

原文

　　吾家世文章，甚为典正，不从流俗；梁孝元在蕃邸①时，撰《西府新文》，讫无一篇见录者，亦以不偶于世，无郑、卫之音②故也。有诗赋铭诔书表启疏二十卷，吾兄弟始在草土③，并未得编次，便遭火荡尽，竟不传于世。衔酷茹恨，彻于心髓！操行见于《梁史·文士传》及孝元《怀旧志》。

注释

　　① 蕃邸：指梁元帝被封为湘东五时在镇江的住所。
　　② 郑、卫之音：春秋战国时期郑国卫国的俗乐。与雅乐不同。《论语卫灵公》有"郑声淫"之说。后因以郑、卫之音通指淫荡的乐歌或文学作品。
　　③ 草土：居丧。古时居父母之丧者睡草席枕土块，故曰草土。

译文

　　我先人的文章，非常典雅纯正，不随流俗。梁朝孝元帝早年在湘东王府的时候，辑录《西府新文》，先人的文章一篇也没收入。因为其文风不尚浮艳，所以不合于世人的口味。先人的文集共20卷，共中收有诗歌、辞赋、铭文、诔文、上书、奏章、启事等。我们兄弟在服丧期间，

还没有来得及将文集加以编辑整理，文集就被兵火焚烧殆尽，终于没有能让它流传于世，真叫人痛心，这是永远无法弥补的遗憾。先人的操守品行，在《梁史·文士传》和梁元帝的《怀旧志》中都有记载。

原文

沈隐侯曰："文章当从三易：易见事，一也；易识字，二也；易读诵，三也。"邢子才常曰："沈侯文章，用事不使人觉，若胸臆语也。"深以此服之。祖孝徵亦尝谓吾曰："沈诗云：'崖倾护石髓^①。'此岂似用事邪？"

注释

① 石髓：石钟乳。

译文

沈约说："文章应该遵循'三易'的原则，一是用典明白易懂，二是文字容易识认，三是易于诵读记忆。"邢子才常说："沈约的文章，用典隶事，使人觉察不出来，就像直抒胸臆一般。"这一点让人非常佩服。祖孝徵也曾对我说："沈约的诗作中写道'崖倾护石髓'，这难道能看得出诗中引用了关于'石髓'的典故？"

原文

邢子才、魏收俱有重名，时俗准的，以为师匠。邢赏服沈约而轻任昉，魏爱慕任昉而毁沈约，每于谈宴^①，辞色以之。邺下纷坛，各有朋党。祖孝徵尝谓吾曰："任、沈之是非，乃邢、魏之优劣也。"

注释

① 谈宴：饮酒谈天的意思。

译文

邢子才、魏收都很有名望，当时的人都将他们视为楷模，奉为宗师。邢子才欣赏佩服沈约，而轻视任昉，魏收爱戴钦佩任昉而诋毁沈约，他们在一起宴饮聊天时，常常为此争论得面红耳赤。邺都的人对此也众说纷纭，各处形成宗派。祖孝征曾对我说："任昉、沈约谁是谁非，只要看一看邢子才、魏收二人，谁优谁劣就知道了。"

原文

《吴均集》有《破镜赋》。昔者，邑号朝歌，颜渊不舍；里名胜母，曾子敛襟：盖忌夫恶名之伤实出。破镜乃凶逆之兽，事见《汉书》，为文幸避此名也。比世往往见有和人诗者，题云敬同，《孝经》云："资于事父以事君而敬同。"不可轻言也。梁世费旭诗云："不知是耶①非。"殷沄诗云："飘飓云母舟②。"简文曰："旭既不识其父，沄又飘飓其母。"此虽悉古事，不可用也。世人或有文章引《诗》"伐鼓渊渊"者，《宋书》已有屡游之诮；如此流比③，幸须避之。北面④事亲，别舅摛⑤《摛阳》之咏；堂上养老，送兄赋桓山之悲，皆大失也。举此一隅，触涂⑥宜慎。

注释

① 耶：南朝俗称父亲为"耶"。

② 飘飓：漂荡。云母舟：以云母装饰之舟。

③ 流比：同类比照类推。

④ 北面：古礼，臣拜君卑幼拜尊长，却面向北行礼，因而居臣下，晚辈之位曰："北面"。

⑤ 摛：抒发。

⑥ 触涂：处处。

译文

《吴均集》中有篇《破镜赋》。从前有个城邑名叫朝歌，颜渊因为不崇尚音乐，就不在这里落脚；有个乡邑名叫胜母，曾子讲究孝道，就不愿走过那里。这都是因为讨厌其丑恶的名称会玷污了自己的德行。"破镜"是一种凶恶的暴逆的野兽，《汉书》中有明确记载，写文章可要避免用这一类名称。近来我往往见到有

● 紫铜腰牌

人奉和别人的诗作，题为"敬同"，《孝经》里说："资于事父以事君而敬同。因而，不能随意用'敬同'这个词。"梁世费旭的诗中说："费旭居然不认识他的爹，殷沄居然让他母亲飘摇。"这些虽然都是过去的事，但现在的人也要注意避讳。世人不识反语的忌讳，在文章中引用《诗经》"伐鼓渊渊"的诗句，《宋书》中曾讥讽这种无知的人。像诸如此类的字眼应该尽量避免。母亲在堂与舅舅告别时，却抒发《渭阳》丧母别舅的感叹；双亲健在，送别兄长时，却表达《恒山》所吟唱父死卖儿的悲哀，这些都是不得体的。举这些例子，你们就可以触类旁通，举一反三，处处都要慎重。

原文

江南文制①，欲人弹射，知有病累，随即改之，陈王得之于丁廙也。山东风俗，不通击难②。吾初入邺，遂尝以此忤人，至今为悔，汝曹必无轻议也。

注释

① 文制：制文，写文章。
② 击难：攻击，责难。

译文

江南人写好文章以后，要请人批评指正，发现毛病及时改正。陈思王曹植就为丁廙修改文章。河北一带的风俗，就不通行这种做法。我刚到邺都，就曾经因为批评别人的文章而得罪人，到现在还为这事感到后悔。你们千万不要轻率地议论别人的文章。

原文

凡代人为文，皆作彼语，理宜然矣。至于哀伤凶祸之辞，不可辄代①。蔡邕为胡金盈作《母灵表颂》曰："悲母氏之不永，然委我而凤丧"，又为胡颢作其父铭曰："葬我考议郎君②。"《袁三公颂》曰："猗欤我祖②，出自有妫。"王粲为潘文则《思亲诗》云："躬此劳悴，鞠予小人；庶我显妣，克保遐年④。"而并载乎邕、粲之集，此例甚众。古人之所行，今世以为讳。陈思王《武帝诔》，遂深永蛰之思；潘岳《悼亡赋》，乃怆手泽之遗。是方父于虫，匹妇于考也。蔡邕《杨秉碑》云："统大麓之重。"潘尼《赠卢景宣诗》云："九五思龙飞。"孙楚《王骠骑诔》云："奄忽登遐。"陆机《父诔》云："亿兆宅心⑤，敦叙百揆⑥。"《姊诔》云："倪天之和。"今为此言，则朝廷之罪人也。王粲《赠杨德祖诗》云："我君饯之，其乐泄泄⑦。"不可妄施人子，况储君乎？

注释

① 辄：立即，就。
② 考：死去的父亲。
③ 猗欤：叹词，表示赞美。
④ 克：能够。遐：永远。
⑤ 亿兆：指民众。
⑥ 百揆：百官。
⑦ 泄泄：舒畅和乐的样子。

译文

代替别人写文章，就是以别人的口气说话，理当如此，因而表现哀伤凶祸内容的文章，不能随便替人代笔。蔡邕为胡金盈作《母灵表颂》，文中写道："悲伤的母亲不能长寿，抛下我过早地离开人世。"蔡邕为胡颢代笔替他父亲写墓志铭说："埋葬我死去的父亲议郎君。"又替人写《袁三公颂》，文中说："赞美我的祖先，他们出自有妫。"王粲替潘文则写的《恩亲诗》说："你亲身操劳，用心尽力抚养我长大，希望我的父母能保住灵魂永获安宁。"这几篇文章都收集在蔡邕、王粲的文集里，这种例子是很多的，古人所通行的做法，现在的人认为是犯了忌讳。陈思王曹植《武帝谏》，表达了对亡父的怀念之情，却用了"永蛰"一词；潘岳的《悼亡赋》表达了对亡妻的怀念，却用了"遗泽"一词。前者是将父亲比作永远冬眠的虫子，后者以悼念双亲的语言来悼念亡妻。这些都不妥当。蔡邕的《杨秉碑》说："担负总管天下大事的重任。"潘尼的《赠卢景宣诗》说："九五思龙飞"，孙楚的《王骠骑诔》说："奄匆登遐"，陆机的《父诔》中有"亿兆宅心"，"敦叙百揆"一语，《姐诔》中有"倪天之和"，这些只能用在君王身上的词语，现在要是有人随意乱用就是犯了忌讳，成了胸怀篡逆的大罪人了。王粲的《赠杨德祖诗》说："我君饯之，其乐洩洩"，这句表示母子重新和好的话，对一般人都不能随便说，何况对太子呢？

原文

挽歌辞者，或云古者《虞殡》之歌，或云出自田横之客，皆为生者悼往告哀之意。陆平原多为死人自叹之言，诗格既无此例，又乖制作本意①。凡诗人之作，刺箴美颂，各有源流，未尝混杂，善恶同篇也。陆机为《齐讴篇》，前叙山川物产风教之盛，后章忽鄙山川之情，殊失厥体②。其为《吴趋行》，何不陈子光、夫差乎？《京洛行》，胡不述赧王、灵帝乎？

注释

① 乖：违背。

② 厥：其。指所做文章。

译文

　　挽歌的起源，有的人认为始于古代的《虞殡》，有的人认为出自田横的门客，它都是生者表达对死者的悼念哀伤之情。陆机经常用死者自称的口吻作挽歌，挽歌的格式中没有这个先例，也背离了写作的本意。

　　诗人创作的诗歌，不管是讽刺针砭，还是歌颂赞美，都各有源流。从来没有将贬恶扬善的内容混杂在同一篇诗中。陆机的《齐讴篇》，诗的前半部是赞颂当地的山川物产，风俗教化之类，后半部分忽然又冒出了鄙薄山川的情绪，使诗作丧失了完整的体制。他写《吴趋行》，为何不把公子光、夫差的坏事也说一说呢？写《京洛行》，为什么不把周赧王、汉灵帝的事情也写一写呢？

● 青釉莲花大笔洗

原文

自古宏才博学，用事误者有矣；百家杂说，或有不同，书帙湮灭，后人不见，故未敢轻议之，今指知决纰缪者，略举一两端以为诫。《诗》云："有䴏雉鸣。"又曰："雉鸣求其牡。"毛《传》亦曰："䴏，雌雉声。"又云："雉之朝雊，尚求其雌。"郑玄注《月令》亦云："䴏，雄雉鸣。"潘岳赋曰："雉䴏䴏惟以朝雊。"是则混杂其雄雌矣。《诗》云："孔怀兄弟。"孔，甚也；怀，思也，言甚可思也。陆机《与长沙顾母书》，述从祖弟士璜死，乃言："痛心拔脑，有如孔怀。"心既痛矣，即为甚思，何故方言有如也？观其此意，当谓亲兄弟为孔怀。《诗》云："父母孔迩①。"而呼二亲为孔迩，于义通乎？《异物志》云："拥剑状如蟹，但一螯②偏大尔。"何逊诗云："跃鱼如拥剑。"是不分鱼蟹也。《汉书》："御史府中列柏树，常有野鸟数千，栖宿其上，晨去暮来，号朝夕鸟。"而文士往往误作乌鸢用之。《抱朴子》说项曼都诈称得仙，自云："仙人以流霞一杯与我饮之，辄不饥渴。"而简文诗云："霞流抱朴碗。"亦犹郭象以惠施之辨为庄周言也。《后汉书》："囚司徒崔烈以银铛锒③。"银铛，大锒④也；世间多误作金银字。武烈太子亦是数千卷学士，尝作诗云："银锒三公脚，刀撞仆射头。"为俗所误。

注释

① 迩：近。
② 螯：同螯。蟹之大足。
③ 银铛：刑尺，铁锁链。
④ 锒：同"锁"。

译文

自古以来，才华横溢、博学多识的人，引用典故，也有出差错的。诸子百家对同一件事的看法，有时也不一样，加上许多典籍已经湮没，后人没能看到原书，所以我不敢妄加评论。现在只指出引经据典中确

实出现的差错。略举几个例子为你们提供借鉴。《诗经·邶风·匏有苦叶》中有诗句"有惟雉鸣",又有"雄鸣求其牡"的诗句。《毛诗传》解释说:"是雌雉的鸣叫声。"又说:"雄雌早上鸣叫,是寻求雌性配偶。"郑玄注疏《礼记·月令》也说:"雉,是雄雉的鸣叫。"而潘岳的《射雉赋》说:"是雄雉发出的鸣叫声。"这显然混淆了雄雌。《诗经·小雅·棠棣》有诗句"孔怀兄弟,"孔,是非常的意思。怀,是思念的意思。这句诗是说很想念兄弟。而陆机的《与长沙顾母书》记述了同曾祖的弟弟陆士璜之死,就说:"痛心拔脑,有如孔怀。"心中非常悲痛,就是非常想念,为什么还要加上"有如"两个字呢?推究陆机的原意,他误将"孔怀"理解为"亲兄弟"的意思了。《诗经·周南·汝坟》有诗句"父母孔迩",要按照陆机的理解,那么将父母称作"孔尔",义理上还能说得通吗?《异物志》说:"拥剑的形状就像蟹,只是有一只螯格外的大。"而何逊的诗中说:"跃鱼如拥剑。"这是鱼与蟹不分。《汉书·朱博传》说:"御史府中排列着一行柏树,常有数千只野乌栖息在上面。早上飞走了,傍晚又飞回来,因而称之为朝夕乌。"而文人们都将"乌"字误当"鸟鸢"的"鸟"字来用了。《抱朴子》说:"项曼都诈称得仙,自言道,仙人拿了一杯流露给我喝,我就数月不觉得饥渴。"简文帝的诗中就说:"霞流抱朴腕。"这就像郭象将惠施的话当作是庄周所说的一样张冠李戴了。《后汉书·崔传》说:"用'银铛'将司徒崔烈铸锁起来。"银铛,就是大锁,世人把银铛的"银"字当作金银的,"银"字来用,比如武烈太子,也是个读书万卷的学者,他曾作诗说:"银镶三公脚,刀撞仆射头。"这是他受了俗人的影响。

原文

文章地理,必须惬当。梁简文《雁门太守行》乃云:"鹅军攻日逐[①],燕骑荡康居,大宛归善马,小月[②]送降书。"萧子晖《陇头水》云:"天寒陇水急,散漫俱分泻,北注徂黄龙,东流会白马。"此亦明珠之颣[③],美玉之瑕,宜慎之。

注释

① 鹅：古阵名。日逐：匈奴王号。

② 小月：即小月氏，古西域国名。

③ 颣：原指丝上的疙瘩。引伸为毛病缺点。

译文

　　文章中地理位置的记述，要力求准确恰当。梁代简文帝写的《雁门大守行》就说："鹅军攻日逐，燕骑荡康居。大宛归善马，小月送降书。"把匈奴日逐王与康居、大宛、小月氏这些互不相干的事都扯到"雁门郡"来了，这真是风牛马不相及。萧子晖《陇头水》说："天寒水陇急，散漫俱分泻。北往徂黄龙，东流会白马。"黄龙在漠北，白马在河南，与陇水毫不相干。这类错误是明珠中的斑点，美玉里的微瑕，不过对它还是要慎重的啊。

原文

　　王籍《入若耶溪》诗云："蝉噪林逾静，鸟鸣山更幽。"江南以为文外断绝，物无异议。简文吟咏，不能忘之，孝元讽味，以为不可复得，至《怀旧志》载于《籍传》。范阳卢询祖，邺下才俊，乃言："此不成语，何事于能？"魏收亦然其论。《诗》云："萧萧马鸣，悠悠旆旌。"毛《传》曰："言不喧哗也。"吾每叹此解有情致，籍诗生于此耳。兰陵萧① 悫，梁室上黄侯之子，工于篇什。尝有《秋诗》云："芙蓉露下落，杨柳月中疏。"时人未之赏也。吾爱其萧散，宛然在目。颍川荀仲举、琅邪诸葛汉，亦以为尔。而卢思道之徒，雅所不惬。何逊诗实为清巧，多形似② 之言；扬都论者，恨其每病苦辛，饶贫寒气，不及刘孝绰之雍容也。虽然，刘甚忌之，平生诵何诗，常云："'蘧车响北阙'恓恓不道车。"又撰《诗苑》，止取何两篇，时人讥其不广。刘孝绰当时既有重名，无所与让；唯服谢朓，常以谢诗置几案间，动静辄讽味。简文爱陶渊明文，亦复如此。江南语曰："梁有三何，子朗最多。"三何者，逊及思澄、子朗也。子朗信饶清巧。思澄游庐山，每有佳篇，亦为冠绝。

注释

① 萧：马叫声。

② 形似：此处指形象，指描绘或表达具体生动。

③ 恓恓：乘戾的样子。

译文

　　王籍的《入若耶溪》诗说："蝉噪林逾静，鸟鸣山更幽。"江南人认为这首诗是独一无二的佳作，没有人对此有异议。简文帝常常吟诵，不能忘怀，孝元帝常通通读品味，认为此作不可多得。以至在《怀旧志》中还将这首诗收入《王籍传》。范阳的卢询祖是邺下的俊雅之才，他说："这一联诗中上下句语意重复，看不出作者有什么才能。"魏收也赞同他的观点。《诗经·小雅·车攻》中有诗句"萧萧鹿鸣，悠悠旆旌。"《毛诗传》说："这句诗是表现幽静肃穆的气氛的。"我非常叹服这个见解，觉得他解释得很有情致。王籍的诗句是受了《诗经》的启发。

　　兰陵的萧悫，是梁朝皇室上黄侯的儿子，擅作诗。曾写了一首《秋诗》，诗中写道："芙蓉露下落，杨柳月中疏。"当时的人不欣赏这首诗。我喜欢这句诗散淡飘逸的风格，诗中所描绘的景象宛然在目。而卢思道之类的人就不欣赏这句诗。

原文

　　何逊的诗，确实可以称得上清新奇巧，诗歌言比较生动形象。而扬都的评论者常批评他的诗过于做作，用心太苦，多了些衰冷萧瑟之气，不如刘孝绰的诗显得那么雍容闲和。即使这样，刘孝绰还是很嫉妒他，平时朗诵何逊的诗时，常指斥"蓬车向北阙，恓恓不道车。"这句诗音韵不协调，他所撰写的《诗苑》中，只收录两首何逊的诗，当时的人都讥讽他不够大度。刘孝绰当时已经是很有名望了，但对名气还是毫不谦让，他只佩服谢朓，常将谢朓的诗放在桌上，时常讽诵玩味。简文帝喜

爱陶渊明的诗文，也常常这么做。江南谚语说："梁朝有三何，子郎最有才气。"三何就是指何逊、何思澄、何子郎。何子郎的诗文确实是清新奇巧。何思澄游览庐山，常写出佳作，也是居当时之冠的诗人。

第十篇　名　实

原文

名之与实①，犹形之与影②也。德艺周厚，则名必善焉；容色姝丽，则影必美焉。今不修身而求令名于世者，犹貌甚恶而责妍影于镜也。上士忘名，中士立名，下士窃名。忘名者，体道③合德，享鬼神之福佑，非所以求名也；立名者，修身慎行，惧荣观之不显，非所以让名也；窃名者，厚貌深奸，干浮华之虚称，非所以得名也。

注释

① 名：名声。实：实质，实际。
② 影：指从镜子等反射物中反映出来的物体的形象。
③ 道：事理，规律。

译文

名声与实质，就像形体与影子的关系一样。德才兼备的人，就必然有好名声，容貌秀丽的人，就必然有美丽的影子。如今有人既不修身养性，又想在世上追求美名，这就好像容貌丑陋的人，却要求镜中映出美丽的影子一样。上品的人遗弃身外之名，中品的人努力树立名声，下品的人只会盗取名声。遗弃身外之名的人，内心领会了"道"，行为符合了"德"，受到鬼神的福而获得美名，这并不是靠追求而得到的；希求树立名声的人，修身养性、谨慎行事，依然无法显露名声，这并不是他们谦让名声；盗取名声的人，貌似忠厚，实则奸诈狡猾，他们谋求浮华之人

虚假的赞誉，并不能获得真正的名声。

原文

人足所履，不过数寸，然而咫尺之途，必颠蹶^①于崖岸，拱把之梁^②，每沉溺于川谷者，何哉？为其旁无余地故也。君子之立己，抑亦如之。至诚之言，人未能信，至洁之行，物^③或致疑，皆由言行声名，无余地也。吾每为人所毁，常以此自责。若能开方轨^④之路，广造舟^⑤之航，则仲由之言信，重于登坛之盟，赵熹之降城，贤于折冲之将矣。

注释

① 颠蹶：颠仆、跌倒。

② 拱把之梁：两手合围曰拱，只手所握曰把。拱把之梁，即很小的独木桥。

③ 物：即人。

④ 方轨：车辆并行。这里指平坦的大道。

⑤ 造舟：连船为桥，即今之浮桥。

译文

人的脚所踩踏的地方，只要几寸就够了，然而，人在短短的路途中，常常在山崖堤岸上失足跌落，从独木桥上掉入溪谷河流中被淹没。这是什么缘故呢？是因为旁边没有余地。君子立身行事，大概就和这种情况一样。最真诚的话语，人们未必相信，最纯洁的行为，人们或许还产生怀疑。这都是由于人的言行、名声没有余地。我每次遭到别人诋毁，都常常这么责备自己。如果有开辟两车并行的大道，架设数船相连的大桥，这样阔大的胸襟，那么，仲由一句讲求信誉的话，便胜过设坛盟誓，赵熹劝降一座敌城，便胜过冲锋陷阵的猛将。

原文

吾见世人，清名登而金贝^①入，信誉显而然诺亏，不知后之矛戟，

毁前之干橹^②也。虑之贱云："诚于此者形于彼^③。"人之虚实真伪在乎心，无不见乎迹，但察之未熟耳。一为察之所鉴，巧伪不如拙诚，承之以羞大矣。伯石让卿，王莽辞政，当于尔时，自以巧密；后人书之，留传万代，可为骨寒毛竖也。近有大贵，以孝著声，前后居丧，哀毁^④逾制，亦足以高于人矣。而尝于苫块^⑤之中，以巴豆途脸，遂使成疮，表哭泣之过。左右童竖，不能掩之，益使外人谓其居处饮食，皆为不信。以一伪丧百诚者，乃贪名不已故也。

注 释

① 金贝：指货币。

② 干橹：盾牌。

③ 诚于此者形手彼：在这件事上态度诚实，就给另一件事树立了榜样。

④ 哀毁：居丧时因悲伤过度而损害身体。后常用作居丧尽礼之辞。

⑤ 苫块：寝苫枕块的略称。古人居父母之丧，以草垫为席，土块为枕。

译 文

我见过世上的有些人，在名利双收、信誉显露后，就不再信守诺言。不知道后者的戈戟可以刺穿前者的盾牌。子贱说过："内心的诚意，总会从外表显露出来。"人的虚伪或真诚，虽然藏在内心，但都会在形迹上有所表露。只是一般的人没有仔细观察罢了。只要留心考察鉴别，再巧妙的伪装，也会被人识破，虚伪总不如真实，虚伪的人终究要受到极大的羞辱。伯石假意谦让卿相之职，王莽假意辞去大司马之职，当时，他们都自以为伪装得很巧妙周密；后人对此事详加记录，世代流传，这个教训，真让人感到毛骨悚然。近来有个显贵，因为遵行孝道而闻名，他前后两次服丧，都由于悲伤过度伤了身体。他的孝行确实是超乎常人。然而，在居丧期间，他曾经用巴豆涂在脸上，弄成满脸伤疤，想表明他哭泣得十分悲伤。没想到他的仆人不能为他保密。反而使人们对他

在服丧时饮食起居所表现出来的苦行，都产生了怀疑。因为一次作假，毁了一百次的真诚，这是由于贪得无厌地追求虚名所造成的。

原文

  有一士族，读书不过二三百卷，天才钝拙，而家世殷厚，雅自矜持，多以酒犊珍玩，交诸名士，甘其饵①者，递共吹嘘。朝廷以为文华，亦尝出境聘②。东莱王韩晋明笃好文学，疑彼制作，多非机杼③，遂设④宴言，面相讨试。竟日欢谐，辞人满席，属音赋韵，命笔为诗，彼造次即⑤成，了非向韵⑥。众客各自沉吟，遂无觉者。韩退叹曰："果如所量！"韩又尝问曰："玉珽杼上终葵⑦首，当作何形？"乃答云："珽头曲圜，势如葵叶耳。"韩既有学，忍笑为吾说之。治点子弟文章，以为声价，大弊事也。一则不可常继，终露其情；二则学者有凭，益不精励。

注释

  ① 饵：以利诱人。
  ② 聘：古代国与国之间通问修好。
  ③ 机杼：织布机，用以比喻诗文创作中构思和布局的新巧。
  ④ 宴言：指宴饮言谈。
  ⑤ 造次：仓卒，急遽。
  ⑥ 韵：这里指文学作品的风格。
  ⑦ 珽即玉芴：为古代天子所持的玉制手板。终葵：椎，杼，杀，削。

译文

  有一位士族子弟，只读了二三百卷的书，天生鲁钝笨拙。他家道殷实富有，喜欢附庸风雅，常常宰牛备酒，用珍贵的常玩之物结交名流雅士，得到好处的人，就轮番吹捧他。朝廷以为他真的很有才学，曾任命他作为使节，出访各国。东莱王朝晋明，很喜欢文学，怀疑这位士族子弟的诗文不是他自己写的，于是就设宴款待，想当面考考他。聚会宴饮那一天，气氛欢洽和谐，文人雅士济济一堂，大家即席赋诗，互相唱

和。这位士族子弟也很快赋诗一首，可是，他的诗作失去了以往的韵味，客人们拿过来沉吟片刻，始终没人看得懂其中的意思。事后，韩晋明感叹地说："果然不出所料！"韩晋明还曾经问过他："玉筊的上部像终葵，它到底是什么形状的呢？"他回答说："玉筊的上部是圆形的，形状像葵叶一样。"韩晋学识渊博，觉得他的回答很可笑，他忍着笑与我说起这件事。

为自己的子弟修改润色文章，为子弟求取名声，抬高声价，这是最糟糕的事，这一方面是因为这种事不可能长久持续下去，最终总要露出真相；另一方面是因为初学的人一旦有了依靠，就不想勤奋用功了。

原文

邺下有一少年，出为襄国令，颇为勉笃。公事经①怀，每加抚恤，以求声誉。凡遣兵役，握手送离，或赍②梨枣饼饵，人人赠别，云："上命相烦，情所不忍；道路饥渴，以此见思。"民庶称之，不容于口。及迁为泗州别驾，此费日广，不可常周，一有伪情，触涂难继，功绩遂损败矣。

注释

①经怀：经心。
②赍：以物送人。

译文

邺都的一位年轻人，出任襄国县令，兢兢业业。他对公事尽心尽力，常常安抚救济百姓，以求得声誉。凡是有人去服役，他总是亲自送行，还赠送梨枣糕饼，与他们一一告别说："这是上司的命令，我实在不忍心；怕你们路上饥渴，这些东西聊表寸心。"当地民众对他赞不绝口，他升任泗州别驾以后，这方面的费用越来越多，不可能总是做得面面俱到，一旦偶有弄虚作假，就无法维持原来的名声，结果落了个前功尽弃。

原文

　　或问曰："夫神灭形消，遗声余价，亦犹蝉壳蛇皮，兽远①鸟迹耳，何预于死者，而圣人以为名教②乎？"对曰："劝也。劝其立名，则获其实。且劝一伯夷，而千万人立清风矣；劝一季札，而千万人立仁风矣；劝一柳下惠，而千万人立贞风矣；劝一史鱼，而千万人立直风矣。故圣人欲其鱼鳞凤翼，杂沓参差③，不绝于世，岂不弘哉？四海悠悠，皆慕名者，盖因其情而致其善耳。抑又论之，祖考④之嘉名美誉，亦子孙之冕服⑤墙宇也，自古及今，获其庇荫者亦众矣。夫修善立名者，亦犹筑室树果，生则获其利，死则遗其泽。世之汲汲⑥者，不达此意，若其与魂爽⑦俱升，松柏偕茂者，惑矣哉！"

注释

　　①兽远：兽迹。

　　②名教：指以正定名分为主的封建礼教。

　　③鱼鳞：鱼的鳞片。这里形容密集相从。杂沓：众多杂乱貌。参差：不齐貌。此二名意思是：圣人希望天下之民，不论其天资禀赋的差异，都纷纷起而仿效伯夷诸人。

　　④祖考：祖先。生曰父，死曰考。

　　⑤冕服：古代统治者举行吉礼时所用的礼服。冕：指冕冠，服：指服饰。

　　⑥汲汲：心情急切的样子。

　　⑦魂爽：即魂魄。

译文

　　有的人问我说："名人死了以后，精神与形体都消失了，留下的名声，就像蝉的脱壳，蛇的脱皮，鸟兽的足迹，这与死去的名人已毫不相干，圣人为什么还要以他们为典范来教育人们呢？"我回答说："勉励人们，是勉励他们建立名声，而且要做到名副其实。劝勉人们效法伯夷，

如果千万个人都这样做了的话，就会形成清高的风气；劝勉人们效法季
札，如果千万个人都这样做了的话，就会形成仁慈的风气；劝勉人们效
法柳下惠，如果千万个人都这样做了的话，就会形成坚贞的风气；劝勉
人们效法史鱼，如果千万个人都这样做了的话，就会形成正直的风气。
所以圣人鼓励人们以名人为榜样，意在使追随效法他们的人，像鱼鳞凤
翼一样层出不穷，世世代代延续下去，岂不是发扬光大了名人的精神吗？
芸芸众生都爱慕名声，要根据人的这种特性来诱导他们走上正道。再
说，祖先的美名，也就相当于子孙的礼服，住宅，从古至今，得到这种
荫庇的人很多，行善树立美名，也就像盖房子、种果树一样，生前就得
到好处，死后还能造福后代。世上急功好利的人，不明白这个道理，以
为人的魂魄与精神同生同灭，就像松树与柏树同枯同茂一样，这种看法
是多么糊涂啊！

第十一篇　涉　务

原文

　　士君子之处世，贵能有益于物①耳，不徒高谈虚论，左琴右书，以
费人君禄位也。国之用材，大较不过六事：一则朝廷之臣，取其鉴达治
体②，经纶博雅③；二则文史之臣④，取其著述宪章⑤，不忘前古；三
则军旅之臣⑥，取其断绝有谋，强干习事；四则藩屏之臣，取其明练风
俗，清白爱民；五则使命之臣⑦，取其识变从宜，不辱君命⑧；六则兴造
之⑨臣，取其程功节费，开略有术，此则皆勤学守行者所能辨也。人性
有长短，岂责具美于六涂⑩哉？但当皆晓指⑪趣，能守一职，便无愧耳。

注释

　　① 物：这里是人的意思。
　　② 治体：指政治法度。

③ 经纶：原指整理丝缕，引申为规划处理国家大事。博雅：学识渊博纯正。

④ 文史之臣：指在中央负责主管文书档案，起草诏令典章以及修撰国史的官员。

⑤ 宪章：《正义》："宪，法也；章，明也，言夫子法明文武之德。"

⑥ 藩屏之臣：指地方上的高级长官，可为中央藩屏。

⑦ 使命之臣：指奉朝廷之命办理内政外交的官员。

⑧ 不辱君命：不使君命受辱，即完成使命之意。

⑨ 兴造之臣：指负责土木建筑的官员。

⑩ 涂：通"途"。六途：指上文所指的"六事"。

⑪ 指：通"旨"。

译文

士君子为人处世，贵在能对社会有所贡献，而不只是高谈阔论，左手抚琴，右手持书，尸位素餐。国家选用人才，大体上不外乎以下六种：第一种是朝廷的官吏，选用通晓治国的大体纲要，学问渊博，足以经世济国的人才；第二种是负责文书记事的官吏，选用擅长撰写典章制度，能记取历史教训的人才；第三种是军队中的官吏，选用果敢明断，富有谋略，精明强干的人才；第四种是负责治安保卫的官吏，选用熟悉社会风俗，廉洁清正，爱护百姓的人才；每五种是奉命出使的官吏，选用能通权达变，不辜负君主使命的人才；第六种是负责土木建筑的官吏，选用办事效率高，勤俭节约，反应敏捷的人才。这些都是勤奋好学，有操守德行的人才能做到的。人各有长处与短处，怎么能要求每一个人都完全具备这六种才能呢？只要能明白自己的志向，忠实于自己的职守，也就问心无愧了。

原文

吾见世中文学之士，品藻①古今，若指诸掌②，及有试用，多无所堪。居承平之世，不知有丧乱之祸；处庙③堂之下，不知有战陈④之急；

保俸禄之资，不知有耕稼之苦；肆⑤吏民之上，不知有劳役之勤，故难可以应世经务也，晋朝南渡⑥，优借士族；故江南冠带⑦，有才干者，擢为令仆已下尚书郎中书舍⑧人已上，典章机要。其余文义之士，多迂诞浮华，不涉世务；纤微过失，又惜行捶楚，所以处于清高，盖护其短也。至于台阁令史⑨，主书监帅⑩，诸王签⑪省，并晓习吏用，济办时须，纵有小人之态，皆可鞭杖肃督，故多见委使，盖用其长也。人每不自量，举世怨梁武帝父子爱小人而疏士大夫，此亦眼不能见其睫耳。

注 释

① 品藻：鉴定等级。

② 若指诸掌：像指示掌中之物一样，比喻事理浅近易明。

③ 庙堂：宗庙明堂，古代帝王议事之处，故也以庙堂指朝廷。

④ 战陈：作战的阵法，陈，"阵"的本字。

⑤ 肆：踞。

⑥ 晋朝南渡：指西晋被灭后，晋元帝于建武元年南渡，在建康（今

● 055 佛像铜镜

南京）建立东晋之事。

⑦ 冠带：官吏或士大夫的代称，以其戴冠束带，故称。

⑧ 令：即尚书令，为尚书省的长官。仆：即尚书仆射，为尚书省的副长官。尚书郎：尚书省属官，掌管文书起草之事。中书舍人：中书省属官，掌管进呈奏案之事。

⑨ 台阁：指尚书省。令史：尚书省属下的官员。

⑩ 主书：尚书省属下官员。监帅：监督军务的官员。

⑪ 签：指典签，南朝以诸王出镇，由朝廷派典签佐之，本为处理文书的小吏，但实际起监视诸王的作用，权力甚大，遂有签帅之称。省：指省事、尚书省属官。以上所言令吏、主书、监帅、典签、省事等均属低级官员。

译文

我见过有些舞文弄墨的人，谈古论今，头头是道，易如反掌，到了任用他们的时候，大多数人却不能胜任。他们处在太平盛世，不知道丧乱的祸患；在朝廷里当官，不知道战争的危险；俸禄有保证，不知道耕田种地的劳苦；地位处在吏民之上，不知道劳役的辛苦。所以，这样的人难以适应社会，不会处理事务。晋朝南渡之后，朝廷优待士族，有才干的江南士人，都担任尚书令，左右仆射以下，尚书郎、中书舍人以上的官职，掌管机要。而其他那些只会舞文弄墨的士人，大多迂阔荒诞，华而不实，不参与世事；如果他们有了一些过失，君王又不忍心用鞭挞捶打来处罚他们，因此，就将他们安排在清闲的职位上，这就是庇护他们的短处。台阁令史，主书监帅，各个王府、军府的签帅、省事等中下级官吏，都熟悉日常公务，办事准时，如果他们犯了错误，都可以鞭挞捶打，严加惩罚。所以他们常委以重任，这是要发挥他们的长处。当时许多人都怨恨梁武帝爱惜小人而疏远士大夫，这种看法就像眼睛看不见眼睫毛一样看不到自身的短处。

颜氏家训

原文

　　梁世士大夫，皆尚褒衣博带①，大冠高履②，出则车舆，入则扶侍，效郭之内，无乘马者。周弘正为宣城王③所爱，给一果下马④，常服御之，举朝以为放达⑤。至乃尚书郎乘马，则纠劾之。乃侯景之乱⑥，肤脆骨柔，不堪行步，体羸气弱，不耐寒暑，坐死仓猝者，往往而然。建康⑦令王复性既儒雅，未尝乘骑，见马嘶喷陆梁⑧。莫不震慑，乃谓人曰："正是虎，何故名为马乎？"其风俗至此。

　　古人欲知稼穑⑨之艰难，斯盖贵谷务本⑩之道也。夫食为民天，民非食不生矣，三日不粒⑪，父子不能相存⑫。耕种之，莸⑬锄之，刈获之，载积之，打拂之，簸扬之，凡几涉手，而入仓廪，安可轻农事而贵末业哉？江南朝士，因晋中兴⑭，南渡江，卒为羁旅，至今八九世，未有力田，悉资俸禄而食耳。假令有者，皆⑮信僮仆为之，未尝目观起一垅⑯土，耕一株苗；不知几月当下，几月当收，安识世间余务乎？故治官则不了，营家则不办⑰，皆优闲之过也。

注释

　　①褒衣博带：宽大的袍子和衣带。

　　②高履：即高齿屐。

　　③周弘正：字思行，南朝学者，在梁、陈都做过官。宣城王：简文帝的儿子萧大器。

　　④果下马：在当时视为珍品的一种小马，只有三尺高，能在果树下行走，故名。

　　⑤放达：这里是放纵不拘法礼的意思。

　　⑥侯景之乱：梁武帝太清二年（548年）北朝降将侯景叛乱，攻破建康，梁武帝被困而死。史称"侯景之乱"。

　　⑦建康：即今南京。

　　⑧陆梁：跳跃。

　　⑨稼穑：指农事。

⑩ 本：与下文之"末业"相对，本指农业，末指商业。

⑪ 粒：以谷米为食。

⑫ 存：想念、省问。

⑬ 莜：同"薅"，除草。

⑭ 中兴：西晋亡后，东晋又建国于江南，故称中兴。

⑮ 信：依靠。

⑯ 坺：耕地时—耦所—翻起的土。

⑰ 办：治理。

译文

　　梁朝的士大夫，都崇尚宽衣，系阔腰带，戴大帽子，穿高跟木屐，出门就以车代步，进门就有人侍候，城里城外，见不着骑马的士大夫。宣城王很喜欢周弘正，送给他一匹果下马，他常常骑着这匹马。朝廷上下都认为他放纵旷达，不拘礼节。如果尚书郎骑马，就会遭到弹劾。到了侯景之乱的时候，士大夫一个个细皮嫩肉，不能承受步行的辛苦，体质虚弱，又不能耐受寒冷或酷热。暴病而死的人，往往是由于这个原因。建康令王夏，性情温文尔雅，从未骑过马，看见马嘶鸣跳跃，就惊慌害怕，他对人说道："这是老虎，为什么叫马呢？"当时的风气竟然颓废到这种程度。

　　古人体验务农的艰苦，这是为了使人珍惜粮食，重视农业劳动。民以食为天，没有食物，人们就无法生存，三天不吃饭，父子之间没有力气互相问候。粮食要经过耕种、锄草、收割、储存、春打、扬场等好几道工序，才能放进粮仓，怎么可以轻视农业而重视商业呢？江南朝廷里的官员，随着晋朝的复兴，南渡过江，流落他乡，到现在也经历了八九代了。从来没有人从事农业生产，而是完全依靠俸禄供养。如果他们有田产，也是随意交给年轻的仆役耕种，从没见过别人挖一块泥土，插一次秧，不知何时播种，何时收获，又怎能懂得其他事务呢？因此，他们做官就不识世务，治家就不治家产，这都是养尊处优带来的危害！

卷第五

省事　止足　诫兵　养生　归心

第十二篇　省　事

原文

铭金人云："无多言，多言多败；无多事，多事多患^①。"至哉斯戒也！能走者夺其翼，善飞者减其指^②，有角者无上齿，丰后者无前足，盖天道不使物有兼焉也。古人云："多为少善，不如执一^③；鼯鼠五能，不成伎术^④。"近世有两人，朗悟士也，性多营综，略无成名。经不足以待问，史不足以讨论，文章无可传于集录，书迹未堪以留爱玩，卜筮^⑤射六得三，医药治十差^⑥五，音乐在数十人下，弓矢在千百人中，天文、画绘、棋博^⑦、鲜卑语、胡书^⑧、煎胡桃油^⑨、炼锡为银，如此之类，略得梗概，皆不通熟。惜乎，以彼神明，若省其异端，当精妙也。

注释

① 出自《说苑·敬慎》："孔子之周，观于太庙，右陛之前，有金人焉，三缄其口，而铭其背曰：'古之慎言人也，戒之哉！戒之哉！无多言，多言多败；无多事，多事多患。'"

② 指：当为"趾"字之讹。

③ 执一：专一。

④《说文解字》："鼫，五伎鼠也，能飞不能过屋，能缘不能穷木，能游不能度谷，能穴不能掩身，能走不能先人。"

⑤ 卜筮：古时预测吉凶，用龟甲称卜，用蓍草称筮，合称卜筮。

⑥ 差：病愈。

⑦ 綦博：指围棋。博，指六博，为古代一种博戏。共12棋，6黑6白，两人相博，每人6棋，故名。

⑧ 胡书：胡人的文字。这里当指鲜卑文字。

⑨ 胡桃油：胡人用以作画的一种材料。

译文

古代有尊铜人，背上刻着一行铭文："别多说话，话多灾难也多；不要多事，事多祸患也多。"多么中肯的告诫啊！擅长行走的动物，就夺走它的翅膀；善于飞行的动物，就减少它的脚趾；头上长角的动物，就不长上齿；后肢发达的动物，前肢就退化了。这大概是天意不让它们同时具备所有的特长。古人说："每件事都想做，又都做不好，不如专心地做好一件事。鼠会五种技能，但哪一种也不精通。"近代有两个人，天资

● 莲花盏托

聪颖，兴趣广泛，结果一无所长，经学经不起别人考问，史学经不起与人讨论，文章不能编成文集流传于世，书法没有达到让人保存鉴赏的水平。占卜算卦，六回只算对三回；行医看病，十个病人才治愈了五个；音乐造诣在几十人之下，射箭水平在千百人之中。天文、绘画、棋艺，学鲜卑语言、写胡人文字、煎胡桃油、炼"锡"成"银"，诸如此类的技艺，只知道个大概，全不精通。真可惜呀！以其聪明才智。如果心无旁骛，应当能精通一种技能的。

原文

　　上书陈事，起自战国，逮于两汉，风流①弥广。原其体度：攻人主之长短，谏诤之徒也；讦群臣之得失，讼诉之类也；陈国家之利害，对策之伍也；带私情之与夺，游说之俦也。总此四涂②，贾诚③以求位，鬻言以干禄。或无丝毫之益，而有不省之困，幸而感悟人主，为时所纳，初获不赀之赏，终陷不测之诛，则严助④、朱买臣⑤、吾丘寿王⑥、主父偃⑦之类甚众。良史所书，盖取其狂狷⑧一介，论政得失耳，非士君子守法度者所为也。今世所睹，怀瑾瑜⑨而握兰桂者，悉耻为之。守门诣阙，献书言计，率多空薄，高自矜夸，无经略之大体，咸秕糠之微事，十条之中，一不足采，纵合时务，已漏先觉，非谓不知，但患知而不行耳。或被发奸私，面相酬证，事途回穴⑩，翻惧愆尤⑪；人主外护声教，脱⑫加含养，此乃侥幸之徒，不足与比肩也。

注释

　　① 风流：遗风。

　　② 涂：道路。四涂：这里指以上四种情况。涂：也作途。

　　③ 贾诚：即贾忠，避隋文帝父杨忠讳改。贾：卖。

　　④ 严助：西汉辞赋家。

　　⑤ 朱买臣：西汉吴县人，字翁子。

　　⑥ 吾丘寿王：西汉赵人，字子赣。

　　⑦ 主父偃：西汉临淄人，主父为复姓。

⑧ 狂狷：指志向高远的人与谨自守的人。

⑨ 瑾瑜：美玉。兰桂：兰草与桂花，皆有异香。此用以比喻怀才抱德之士。

⑩ 迥穴：纡曲、变化不定的意思。

⑪ 愆尤：愆同愆。愆尤：指罪过。

⑫ 脱：或者。这里用作表推度的副词。含养：包容养育。形容帝德博厚。

译文

上书陈述意见，起源于战国时代，到了西汉、东汉，这种风气更为盛行。推究它的类别，直言君主的长短，属于谏诤之类；揭露臣僚的得失，属于诉讼之类；陈述国家的利害，属于对策之类；利用私情打动人心，属于游说之类。归结这四种类型，无非是卖弄诚意以猎取地位，靠耍嘴皮子来谋取利禄。很可能得不到什么好处，反而有意想不到的困扰；要是有幸感悟的君主，陈述的意见符合时宜而被采纳，开始或许能得到贵重的赏赐，终究会遭到意想不到的诛罚。因此严肋、朱买臣、吾丘寿王、主父偃之类的人很多。好的史官记述这些人和事，大概是取其狂放耿直，敢于议论时政得失而已，这类事本不是谨守清规戒律的士君子所做的。当今我们可以看到，才德兼备的人，都以议论时政为耻，那些守候在宫门外，或跑到朝廷来上书进言的人所说的一套，大多是浅薄的空论，自吹自擂，无关经国济世的本质问题，都是一些琐碎的小事。十条之中，没有一

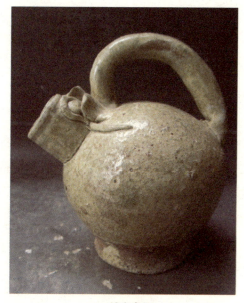

● 越窑虎子

条值得采纳。即使个别建议切合时务，也已经是帝王明白的道理，不是说帝王不知道，只怕是知道了而不能实行罢了。有人在建议里藏有私心而被人揭发，当面对证，事情经过几次反复，又回过头来对自己的过错感到惧怕。君主为了在外面维护声威教化，也可能原谅了这些人。像这样抱有侥幸心理的人，不值得跟他们并肩侍奉君主。

● 青瓷印花碟

原文

谏诤之徒，以正人君之失尔，必在得言①之地，当尽匡赞之规，不容苟免偷安，垂头塞耳；至于就养②有方，思不出位③，干非其任，斯则罪人。故《表记》④云："事君，远而谏，则谄也；近而不谏，则尸利⑤也。"《论语》曰；"未信而谏，人以为谤己也。"

注释

① 得言：犹当言。
② 就养：这里指侍奉国君。
③ 思不出位：此句意思是说思考问题不超出自己的职务范围。
④ 《表记》：《礼记》篇名。
⑤ 尸利：如尸之只受享祭而无所事事，比喻受禄而不尽职责。

译文

直言进谏的人，为了纠正君主的过失，首先必须获得进谏的地位，然后才尽力去规劝，辅佐国君；不允许苟且偷安，低着头、塞着耳朵，

对政事不闻不问。侍奉君王要得法，所思虑的不要超出自己的职权；如果干预到职权以外的事，这就成了罪人。所以《礼记·表记》说："侍奉君主，如果和君主关系疏远而去劝谏，就是谄媚；关系亲近而不去劝谏，就是尸位素餐。"《论语·子张》说："还没取得信任而去劝谏，人们还以为你是在诽谤他呢！"

原文

君子当守道崇德，蓄价①待时，爵禄不登，信由天命。须求趋竞，不顾羞惭，比较材能，斟量功伐②，厉色扬声，东怨西怒；或有劫持宰相瑕疵，而获酬谢，或有喧聒时人视听，求见发遣；以此得官，谓为才力，何异盗食致饱，窃衣取温哉！世见躁竞③得官者，便谓"弗索何获"；不知时运之来，不求亦至也。见静退未遇者，便谓"弗为胡成"；不知风云④不与，徒求无益也。凡不求而自得，求而不得者，焉可胜算乎！

注释

① 价：指声望。
② 功伐：指功劳，也是功的意思。
③ 躁竞：急于与人比高下，争权势。
④ 风云：指人的际遇。

译文

君子应当坚持真理，尊崇道德，蓄积声价，等待时机；要是一辈子得不到官职，也只能听天由命。有的人投机钻营，争权夺势，不顾廉耻，与人较量才干；居功傲物，声色俱厉，反对这个人，得罪那个人；有的人抓住宰相的把柄相要挟，从而获取酬报；有的人张扬鼓躁，扰乱人们的视听，以求被派遣任用。如果用这些方法得到官职，自以为有才能，实际上与偷窃食物填饱肚子，盗窃衣服暖和身子有什么两样呢？世上的人看见急于与人比高低争权势的人获得官职，便以为"不去索求，怎么能获得官职？"不知道人在运气来的时候，不去索求，该得到的依然会得到。世上的人看见与世无争的人未能得到重用，便以为"不有所作为，怎么能成就大事？"不知道人如果没有机遇，徒然追求也毫无益处。凡是不求得到什么，自然得到什么；追求什么，反而得不到什么，这怎么能预料到呢？

原文

齐之季世①，多以财货托附外家②，谊动女谒③。拜守宰④者，印组⑤光华，车骑辉赫，荣兼九族⑥，取贵一时。而为执政所患，随而伺察，既以利得，必以利殆，微染风尘⑦，便乖肃正；坑阱⑧殊深，疮痏⑨未复，纵得免死，莫不破家，然后噬脐⑩，亦复何及。吾自南及北，未尝一言与时人论身分⑪也，不能通达，亦无尤焉。

注释

① 季：末的意思。季世，指末世、衰世。齐：当指北齐。
② 外家：指母亲和妻子的娘家。
③ 女谒：也称妇谒。指通过宫中嬖宠的女子干求请托。
④ 守宰：指地方长官。
⑤ 印组：即印绶。绶为系印的丝带。
⑥ 九族：见《兄弟》篇着段注。
⑦ 风尘：风起尘扬，天地昏浊。此比喻上述靠钱财女谒得官之事。
⑧ 坑阱：陷阱。
⑨ 疮痏：创伤、疤痕。
⑩ 噬脐：自啮腹脐，喻后悔不及。
⑪ 身份：指人在社会上的地位，资历等。

译文

北齐末年，想当官的人大多用财物攀附外戚，通过宫廷中受宠的妃嫔以求得官职。由此被授予州郡官长，官印绶带光亮华丽，车骑显耀，荣光九族，显赫一时；当权者就会防备他们，随即派人侦察。这些人以

● 多格盘洗

财利得到好处。必定以财利遭到祸败，他们只要沾点风尘污秽就会乖违法纪而被治罪，陷入很深的陷阱，创伤难以愈合，即使躲过杀身之祸，也没有不破家毁业的；然后再后悔又怎么来得及呢？我由南朝到北朝，未曾跟一般人谈过一句有关门第出身的话。一个人官运不通达，也不必抱怨。

原文

　　王子晋云："佐饔①得尝，佐斗得伤。"此言为善则预，为恶则去，不欲党②人非义之事也。凡损于物③，皆无与焉。然而穷鸟入怀，仁人所悯；况死士归我，当弃之乎？伍员④之托渔舟，季布⑤之人广柳，孔融之藏张俭，孙嵩之匿赵岐，前代之所贵，而吾之所行也，以此得罪，甘心瞑目，至如郭解之代人报仇，灌夫之横怒求地，游侠之徒，非君子之所为也。如有逆乱之行，得罪于君亲者，又不足恤焉。亲友之迫危难也，家财己力，当无所吝；若横生图计，无理请竭，非吾教也。墨翟之徒，世谓热腹，杨朱之侣，世谓冷肠；肠不可冷，腹不可热，当以仁义为节文尔。

注释

① 饔：烹煎之官。

② 党：朋党，指为私利结成一伙的人。

③ 物：指人。

④ 伍员：春秋时吴国大夫。字子胥。

⑤ 季布：汉初楚人，楚汉战争中，为项羽部将。

译文

王子晋说过："帮人做饭，能尝到美味；替人劝架，要受到伤害"。这话是说有人做好事时可以参与，有人做坏事时就要离开；不要与人结党干不义的事。凡是对人有损害的事，都不要参与。可是，走投无路的小鸟投入人的怀抱，仁慈的人都会怜悯它，何况遭迫害的义士投靠我，我怎么舍弃他呢？伍子胥被渔父搭救，季布被人藏在广柳车中；孔融掩藏张俭，孙嵩掩藏赵岐，这些举动都是前代人所忠崇的，也是我所奉行的。即使因此遭惩罚，也心甘情愿，死而瞑目。至于像郭解那样替人报仇，灌夫凭意气怒骂田蚡无理勒索窦婴的田产，这些都是游侠之人做的事，不是君子所应当做的。如果有人有逆乱的行径，受到君主的惩罚，那就不值得同情了，亲友面临危难不应当吝啬家里的财产和自己的能力。如果有人不安好心，提出无理要求，我没有教你们去怜悯这种人。墨翟之类的人，世人认为他们对人热情；杨朱之类的人，世人认为他们心肠冷漠。心肠不能冷漠，对人也不能太热情。应当遵循仁义，加以节制。

原文

前在修文令曹，有山东学士与关中太史竞历①，凡十余人，纷纭累岁，内史牒付议官平②之。吾执论曰："大抵诸儒所争，四分并减分③两家尔。历象之要，可以晷④景测之；今验其分至薄蚀⑤，则四分疏而减分密。疏者则称政令有宽猛，运行致盈缩⑥，非算之失也；密者则云日月有迟速，以术求之，预知其度⑦，无灾祥也。用疏则藏奸而不信，用

密则任数[8]而违经。且议官
所知，不能精于讼者，以浅
裁深，安有肯服？既非格令[9]
所司，幸勿当[10]也。"举曹贵
贱，咸以为然。有一礼官，
耻为此让，苦欲留连[11]，强加
考覈。机杼既薄[12]，无以测

● 青釉堆塑罐

量，还复采访讼人，窥望长
短，朝夕聚议，寒暑烦劳，
背春涉冬，竟无予夺，怨诮
滋生，赧然而退，终为内史所迫：此好名之辱也。

注释

①关中：地名。指今陕西一带。太史：官名，掌历法。见《隋
书·百官志》竞历：指争论历法。

②内史：官名，掌民政。牒：公文。平：平议。即公正地讼定是非
曲直。

③四分：指四分历。减分：指减分历。

④晷：指日晷，测度日影以确定时刻的仪器。亦指兼测日月星等天
象的仪器。晷景：日晷上晷表的投影。景，古影字。

⑤分至：指春分，秋分和夏至、冬至。薄蚀：日月相掩食。

⑥盈缩：也称赢。《汉书·天文志》："岁星超舍而前为赢，退舍
为缩。"

⑦度：限度；日月星辰运行的度次。

⑧任数：指顺应天数。

⑨格令：律令。

⑩当：判罪。

⑪留连：舍不得离开。

⑫机杼：胸臆。机杼既薄：指有关知识能力欠缺。

157

译文

　　我以前在修文令曹任职的时候，有个山东学士和关中太史争论历法，总共十几个人参与争论，众说纷纭，持续数年。内史将争论的文书交付议官们评议。我议论道："大概诸位学者所争论的，可以归纳为'四分'和'减分'两种方法。观测推算天体运行的要领，可以通过日影来测算。现在根据春分、秋分、冬至、夏至、日蚀、月蚀相验证，就看得出'四分'的方法弹性较大。'减分'的方法又过于细密。弹性较大的一方，认为即使令也有宽猛，日月运行不断变化，所定的历法也难免有差误，这并非运算的错误。细密的一方，认为日月运行不断变化，要准确地预测出来，免受灾祸。我认为弹性较大的方法，不够精确可信；用太细密的方法，又过于拘泥刻板。况且议官对历法的了解，不能比争论的双方更精通，用浅薄的知识来裁决深奥的论题，怎么能让双方信服呢？既然不是主管历令的，最好不要去裁决。"令曹上下，全都同意我的观点。有一个礼官，对我的观点不以为然，胡搅蛮缠，强加验核，而又才疏学浅，无法测验，只得重新采访争论双方，说长道短，日夜聚在一起争议不休，冒着严寒酷暑备受辛苦，从春天到冬天，最终也得不出结论。双方的怨恨日益加深，他也羞愧地退出了，终于受到内史的责问。这也是沽名钓誉招来的耻辱。

第十三篇　止　足

原文

　　《礼》云："欲不可纵，志不可满①。"宇宙可臻其极，情性不知其穷，唯在少欲知足，为立涯限尔。先祖靖侯②戒子侄曰："汝家书生门户，世无富贵；自今仕宦不可过二千石③，婚姻勿贪势家。"吾终身服膺，以为名言也。

注释

① 二句见《礼记·曲礼上》。

② 靖侯：指之推九世祖含，字宏都，谥号"靖侯"。

③ 二千石：汉制，郡守俸禄为二千石。盖自汉、魏以来，因仕途凶险，一般浮沉宦海者多以俸禄二千石的官职为限。

译文

《礼记·曲礼》说："不可放纵欲望，不可志得意满"。宇宙之大，尚有边际，人本能的欲望却是无穷无尽的；只有在使自己减少欲望，知道满足的基础上加以限制。我们的祖先靖侯，告诫子侄说："咱们家是书香门第，世世代代不求富贵，从现在起当官不可当到俸禄二千石以上的大官，婚姻嫁娶不要攀附权势显赫的家族。"这番话，我终身牢记在心，把它当作座右铭。

原文

天地鬼神之道①，皆恶满盈。谦虚冲损，可以免害。人生衣趣②以覆寒露，食趣以寒饥乏耳。形骸之内，尚不得奢靡，己身之外，而欲穷骄泰邪？周穆王③、秦始皇、汉武帝，富有四海，贵为天子，不知纪极④，犹自败累，况士庶乎？常以二十口家，奴婢盛多，不可出二十人，良田十顷，堂室才蔽风雨，车马公代杖策，蓄财数万，以拟吉凶⑤急速，不啻⑥此者，以义散之；不至此者，勿非道求之。

注释

① 天地鬼神之道：即今天所谓自然法则之意。

② 趣：仅够的意思。

③ 周穆王：西周国王。

④ 纪极：终极，限度。

⑤ 吉凶：婚事丧事。急速：指仓卒间发生的事。

⑥不啻：不但，不止。不啻此，即不过于此。与下文不至此相对。

译文

　　天地鬼神之道，都厌恶骄傲自满；谦虚淡泊，可以免除祸害。人活在世上，穿衣服只是为了御寒，吃东西只是为了充饥。身体本身尚且不求奢侈浪费，此身之外还求穷尽奢侈吗？周穆王、秦始皇、汉武帝拥有天下的财富，显贵地成为天子，却不知足，毫无节制，尚且给自己带来伤败的结果。何况一般的人呢？我常认为，20口的家庭，奴婢再多也不要超过20人，良田不超过10顷，房屋只以遮挡风雨，牛马足够驾驶；钱财积蓄数万，用来准备应急。超过这个限度，就拿出来行善救济别人；没有达到这个程度，不可昧着良心去寻求。

原文

　　仕宦称泰①，不过处在中品，前望五十人，后顾五十人，足以免耻辱，无倾危也。高此者，便当罢谢，偃仰私庭②。吾近为黄门郎③，已可收退；当时羁旅④，惧罹谤讟⑤，思为此计，仅未暇尔。自丧乱已来，见因托风云，徼倖富贵，旦执机权，夜填坑谷，朔欢卓、郑⑥，晦泣颜、原⑦者，非十人五人也。慎之哉！慎之哉！

注释

　　①泰：大极，过甚。
　　②偃仰：安居的意思。私庭：指自己的家庭。
　　③黄门郎：即黄门侍郎。职官名。
　　④羁旅：做客他乡。
　　⑤讟：诽谤；怨言。
　　⑥卓：指卓氏。战国时秦、汉间大商人，祖先为赵国人。秦破赵时，被迁到蜀，居于临邛（今四川邛崃），冶铁成巨富，有家僮千人。郑：指程郑。汉初大工商主。本战国时关东人，其祖先于秦始皇时被迁至蜀郡临邛。他冶铸铁器，卖与西南少数民族，以此致富。

⑦颜：指颜渊。春秋末鲁国人，名回，字子渊。孔子学生。原：指原宪，春秋时鲁国人，一说宋国人。字子思，亦称原思。孔子学生。以上二人均以安贫乐道著称，故亦用来泛指贫士。

译文

做官较为稳妥，不要超过中级以上，前面可以看见50人，后面可以望见50人，这样就足以避免耻辱，没有什么风险。高于这个级别，就应当谢绝，留在家中悠然自得。我前一段担任的黄门郎的官职，本来是应当引退的；无奈当时流落他乡，害怕遭到诽谤，引起非议；一心想引退，只是没有适当的机会。自从天下大乱以来，我看见乘机得势，侥幸获取富贵的人，早上还大权在握，晚上就尸填山谷；月初快活得就像卓王孙、程郑，月底凄苦得像颜回、原思，这种人不是5个、10个。要小心，千万要小心！

第十四篇　诫　兵

原文

颜氏之先，本乎邹、鲁，或分入齐，世以儒雅为业，遍在书记。仲尼门徒，升堂①者七十有二，颜氏居八人焉。秦、汉、魏、晋，下逮齐、梁，未有用兵以取达者。春秋世，颜高、颜鸣、颜息、颜羽之徒，皆一斗夫耳。齐有颜涿聚，赵有颜冣，汉末有颜良，宋有颜延之，并处将军之任，竟以颠覆。汉郎颜驷，自称好武，更无事迹。颜忠以党楚王受诛，颜俊以据武威见杀，得姓已来，无清操者，唯此二人，皆罹祸败。顷世乱离，衣冠②之士，虽无身手，或聚徒众，违弃素业，徼幸战功。吾既羸薄，仰惟前代③，故寘心于此④，子孙志之。孔子力翘⑤门关，不以力闻，此圣证⑥也。吾见今世士大夫，才有气干⑦，便倚赖之，不能被甲执兵，以卫社稷；但微行险服⑧，逞弄拳腕，大则陷危亡，小

则贻耻辱，遂无免者。

注释

① 升堂：升堂入室的略语。《论语·先进》："由也升堂矣，未入于室也。"后称人学问造诣精深为升堂入室。

② 衣冠：士大夫，官绅。

③ 仰惟前代：想起过去时代姓颜的人以好兵致祸之事。惟，思。

④ 寘心于此：把心放在读书仕宦这上面。

⑤ 翘：同招，举的意思。

⑥ 圣证：谓取证于圣人之言。

⑦ 气干：气血和躯体。

⑧ 微行：指隐匿身份，易服出行。险服：武士或剑客所穿的上衣，后幅较短，便于活动。

译文

颜氏的祖先，本来在邹国、鲁国，有一分支迁到齐国，世代从事儒雅的事业，多半担任掌管文书记录的官员。孔子的弟子，学问已经入门的有72人，姓颜的就占了8个。秦汉、魏晋，直到齐梁，颜氏家族中没有人靠带兵打仗而显贵的。春秋时代，颜高、颜鸣、颜息、颜羽之流，只不过是一介武夫而已。齐国有颜涿聚，赵国有颜冣，汉末有颜良，刘宋朝代有颜延之，都担任过将军的职务，最终都遭到悲惨的命运。汉朝的侍郎颜驷，自称喜好武

● 茶套

功，却没有见他有什么功绩。颜忠因结党楚王而被杀，颜俊因谋反占据武威而被杀，颜氏家族中到现在为止，节操不清白的，只有这两个人，他们都遭到祸害。近代天下大乱，有些士大夫和贵族子弟，虽然没有勇力习武，却聚集众人，放弃清高儒雅的事业，想侥幸获得成功。我瘦弱单薄，仰望敬慕祖先所从事的儒雅的事业，因此无心去求取战功。子孙们要牢记这一点。孔子力能推开沉重的国门，却不肯以"大力士"闻名于世，这是圣人留下的榜样。我看当今的士大夫，只要具备强壮的身体，不是用它来披盔甲、执兵器，保卫国家；而是行踪神秘，穿着奇装异服，耍弄拳术。重则丧命，轻则受辱，没有谁躲得过可耻的下场。

原文

国之兴亡，兵之胜败，博学所至，幸讨论之。入帷幄①之中，参庙堂②之上，不能为主尽规以谋社稷，君子所耻也。然而每见文士，颇③读兵书，微有经略。若居承平之世，睥睨④宫阃，幸灾乐祸，首为逆乱，诖误⑤善良；如在兵革之时，构扇⑥反复，纵横说诱⑦，不识存亡，强相扶戴：此皆陷身灭族之本也。诫之哉！诫之哉！

习五兵⑧，便乘骑，正可称武夫尔。今世士大夫，但不读书，即称武夫儿，乃饭囊酒瓮也。

注释

①帷幄：此指天子决策之处。
②庙堂：朝廷。指人君接受朝见、议论政事的殿堂。
③颇：这里是略微的意思。
④睥睨：窥视，侦伺。宫阃：帝王后宫。
⑤诖误：贻误，连累。
⑥构扇：也作"构煽"。挑拨煽动。
⑦纵横：即合纵连横的简称。战国时，苏秦游说六国诸侯联合拒秦，称合纵；张仪游说诸侯共同事秦，称连横（也叫连衡）。此指在各个势力之间进行游说煽动，使之互相攻伐。

⑧习：熟悉。

译文

国家的兴亡，战争的胜败这类问题，希望你们在学问渊博的时候，细心加以研究。在军队中运筹帷幄，在朝廷里参与议政；如果不尽力为君主出谋献策，商议国家大事，这是君子的耻辱。然而我看见一些文人，精略地读过几本兵书，稍懂得一些谋略，如果生活在太平盛世，就蔑视宫廷幸灾乐祸，首先起来叛乱，连

● **精品莲花灯**

累贻害善良；如果是在兵荒马乱的时代，就勾结扇动众人反叛，无所顾忌，四处游说、拉拢诱骗，不识存亡之机，拼命相互扶植拥戴；这些都是招致杀身灭族的祸根。要引以为戒啊！要引以为戒！

熟练五种兵器，擅长骑马，这才可以称得上武夫。当今的士大夫，只要不肯读书，就称自己是武夫，实际上是酒囊饭袋罢了。

第十五篇　养　生

原文

神仙之事，未可全诬；但性命①在天，或难钟值②。人生居世，触途③牵萦；幼少之日，既有供养之勤；成立之年，便增妻孥之累。衣食资须，公私驱役；而望遁迹山林，超然尘滓，千万不遇一尔。加以金玉之费④，炉器⑤所须，益非贫士所办。学如牛毛，成如麟角⑥。华山⑦之下，白骨如莽，何有可遂之理？考之内⑧教，纵使得仙，终当有死，

不能出世⑨，不愿汝曹专精于此。若其爱养神明⑩，调护气息，慎节起卧，均适寒暄，禁忌食饮，将饵药物，遂其所禀⑪，不为夭折者，吾无间然⑫。诸药饵法，不废世务也。庚肩吾常服槐实⑬，年七十余，目看细字，须发犹黑。邺中朝士，有单服杏仁、枸杞、黄精、术、车前⑭得益者甚多，不能一一说尔。吾尝患齿，摇动欲落，饮食热冷，皆苦疼痛。见《抱朴子》牢齿之法，早朝叩齿三百下为良；行之数日，即便平愈，今恒持之。此辈小术，无损于事，亦可修也。凡欲饵药，陶隐居⑮《太清方》中总录甚备，但须精审，不可轻脱。近有王爱州在邺学服松脂⑯，不得节度，肠塞而死，为药所误者甚多。

注释

① 性命：这里指万物的天赋和禀受。

② 钟：适逢。值：相遇。

③ 触途：处处。

④ 金玉之费：炼丹药时耗费的金、玉。

⑤ 炉器：指炼丹炉。

⑥ 麟角：麒麟的角，比喻珍贵稀少。

⑦ 华山：在陕西省东部。古代传说为仙人居住之处。

⑧ 内教：指佛教。

⑨ 出世：宗教徒以人间世为俗世；脱离人世的束缚，称出世。

⑩ 神明：指人的精神，心思。

⑪ 禀：赐予，赋予。遂其所禀：指达到上天所赋予的自然年限。

⑫ 间然：找空子。这里指批评。

⑬ 庚肩吾：字子慎。南朝梁人。曾任度支尚书；江州刺史。槐实：槐的果实，可入药。

⑭ 杏仁：枸杞、黄精、术、车前均为中药名。

⑮ 陶隐居：即陶弘景。南朝时丹阳秣陵人，字通明。

⑯ 松脂：松树树干所分泌的树脂。

译文

得道成仙的事，不可一概否定；只是人的性命长短取决于天意，很难说会碰上好运还是遭逢恶运。人活在世上，随时都有牵挂羁绊。年幼时，就有供养侍奉父母的辛劳；成年以后，又增加了妻子儿女的拖累；为求得温饱，为公事、私事操劳奔波，而希望隐居于山林，超脱于尘世的人，千万个人中遇不到一个。加上得道成仙之术，要耗费黄金宝玉，需要炉鼎器具，更不是穷人所能做到的。学道的人多如牛毛，成仙的人少如麟角。华山下，白骨多如野草，哪里有顺心如愿的道理？认真考查过宗教说教，即使能成仙，最终还是得死。无法摆脱人世间的羁绊，我不愿意让你们专心致力于此事。如果你们爱惜保养精神，调节护养气息，起居有规律，穿衣冷暖适当，饮食有节制，吃些补药滋养，保住元气，不至夭折，对此，我是没有什么可批评的了。服用补药要得法，不要耽误了大事。庾肩吾常服用槐实，到了70多岁，眼睛还能看清小字，胡须头发还很黑。邺城的朝廷官员有人专门服用杏仁、枸杞、黄精、白术、车前，从中得到很多好处，不能一一列举。我曾患有牙疼痛，牙齿松动快掉了，饮食冷热的东西，都要疼痛受苦。看了《抱朴子》中固齿的方法。以早上起来就叩碰牙齿三百次为佳，我坚持了几天，牙就好了，现在还坚持这么做。这一类的小技巧，对别的事没有损害，也可以学学。凡是要服用补药，陶隐居的《太清方》中收录得很完备，但是必须精心挑选，不能轻率。最近有个叫王爱州的人，在邺城效仿别人服用松脂，没有节制，肠子堵塞而死。被药物伤害的人很多。

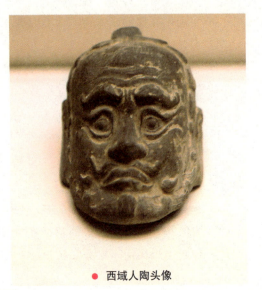

● 西域人陶头像

原文

夫养生①者先须虑祸，全身保性，有此生然后养之，勿徒养其无生②也。单豹养于内而丧外，张毅养于外而丧内，前贤所戒也。嵇康著《养生》之论，而以傲物受刑；石崇冀服饵之征，而以贪溺取祸，往世之所迷也。

注释

① 养生：摄养身心，以期保健延年。
② 无生：指不生存在世上。

译文

养生的人首先必须考虑避免祸患，先要保住身家性命。有了这个生命，然后才得以保养它；不要白费心思地去保养不存在的所谓长生不老的生命。单豹很重视养生，但不去防备外界的饿虎伤害他；张毅很重视防备外来侵害，但死于内热病。这些都是前人留下的教训。嵇康写了《养生》的论著，但是由于傲慢无礼而遭杀头；石崇希望服药延年益寿，却因贪得无厌而遭杀害。这都是过去时代的糊涂人物啊！

原文

夫生不可不惜，不可苟惜。涉险畏之途，干祸难之事，贪欲以伤生，谗慝而致死，此君子之所惜哉；行诚孝而见贼①，履仁义而得罪，丧身以全家，泯躯而济国，君子不咎也②。自乱离已来，吾见名臣贤士，临难求生，终为不救，徒取窘辱，令人愤懑。侯景之乱，王公将相，多被戮辱，妃主姬妾③，略无全者。惟吴郡太守张嵊④，建义⑤不捷，为贼所害，辞色不挠；及鄱阳王世子谢夫人⑥，登屋诟怒，见射而毙。夫人，谢遵女也。何贤智操行若此之难？婢妾引⑦决若此之易？悲夫！

注释

①诚孝：即忠孝，避隋讳改。贼：杀害。

②咎：抱怨。

③妃：皇帝的妾。主：公主。姬：皇宫中女官。妾：指大臣的小老婆。

④张嵊：南朝梁人。

⑤建义：此指发动义军讨伐侯景。

⑥世子：帝王及诸侯的正妻所生的长子。此指萧嗣。谢夫人：萧嗣的妻子。

⑦引决：自杀。

译文

　　生命不能不珍惜，也不能苟且偷生。走上邪恶危险的道路，去做招致灾难的事情；追求欲望的满足而丧身，进谗言，藏坏心而致死，君子应该珍惜生命，不应该做这些事。恪守忠孝而被害，实行仁义而受罪；为了保家而丧身，为了救国而捐躯；这些都是君子所不反对的。梁朝丧乱以来，我见到一些有名望的官吏和贤能的文士，面对危难，苟且求生，终于无法得救，白白地遭致窘迫和污辱，令人愤懑。侯景叛乱时，王公将相，大多遭刑罚，受污辱；妃嫔、公主、姬妾，几乎也无法保全。只有吴郡太守张嵊，树起义旗反抗侯景，虽未能成功，被叛贼杀害，但他面不改色，临危不屈。还有鄱阳王长子萧嗣的夫人谢氏，登上房顶怒骂叛贼，被箭射死。谢夫人

● 莲瓣纹青釉罐

是谢遴的女儿。为什么要那些官使文士做到操守德行贤良明智就那么困难？而侍婢、小妾舍生取义竟如此容易，真是让人悲哀啊！

第十六篇 归 心

三世①之事，信而有征，家世归心②，勿轻慢也。其间妙旨，具诸经论③，不复于此，少能赞述；但惧汝曹犹未牢固，略重劝诱尔。

原夫四尘④五荫，剖析形有；六舟⑤三驾，运载群生：万行归空，千门⑥入善，辩才智惠⑦，岂徒《七经》⑧、百氏之博哉？明非尧、舜、周、孔所及也。内外两教⑨，本为一本，渐积为异⑩，深浅不同。内典初门，设五种禁⑪；外典仁义礼智信，皆与之符。仁者，不杀之禁也；义者，不盗之禁也；礼者，不邪之禁也；智者，不酒之禁也；信者，不妄之禁也。至如畋狩军旅，燕享刑罚，因民之性，不可卒除，就为之节，使不淫滥尔。归周、孔而背释宗⑫，何其迷也！

注释

①归心：从心里归除。这里是归心佛教之意。

②三世：佛教以过去、未来、现在为三世。

③经论：佛教以经、律、论为三藏，经为佛教所自说，论是经义的解释，律记戒规。

④四尘：佛教称色、香、味、触为四尘。五荫：即"五阴"，佛教"五蕴"的旧译，指色（形相）、受（情欲）、想（意念）、行（行为）、识（心灵）。识为认识的主观要素，色、受、想、行为认识的客观要素。

⑤六舟：即六度。指使人由生死之此岸度到涅槃（寂灭）之彼岸的六种法门：布施、持戒、忍辱、精进、静虑（禅定）、智慧（般若）。三驾：即三乘，见《法华经》。佛教以羊车喻声闻乘，鹿车喻缘觉乘，牛车喻菩萨乘。

⑥千门：佛教语。谓种种修行的法门。

⑦惠：同慧。

⑧七经：指《诗》、《书》、《礼》、《乐》、《易》、《春秋》及《论语》。

⑨内教指佛教，外教指儒学。下文所说内典指佛书，外典指儒书。

⑩渐：指佛理；极，指儒学。渐极为导，是说中土之民与天竺之民因所处地域不同，其悟道的过程、方式也有所不同。

⑪五禁：即五戒。《魏书·释老志》："又有五戒：去杀、盗、淫、妄言、饮酒。大意与仁、义、礼、智、信同，名为异耳。"

⑫释宗：佛教，因佛教创始者汉译为释迦牟尼，故以"释"指佛教。

译文

佛教所说的过去、现在、未来即"三世"的事，是可信的，有应验的。我们家世代皈依佛教，不可轻慢它。佛教精妙的宗旨，都记载在佛经中，我不在此多作说明了，只是怕你们对教义还未能牢记，稍微再作一些劝说诱导。

具备了佛教所谓的"四尘"、"五蕴"，即色、香、味、触四种感觉能力和色、受、想、行、识五种认识能力；就能剖析宇宙的万事万物。

运用声闻、缘觉、菩萨等"三乘"，以及布施、持戒、忍辱、精进、智慧等"六舟"的修行方法，就能超度众生。佛教有一万种方式使人向往虚空的境界；有一千道门径使人进入美好的彼岸。佛经中表现出的雄辩才能和智慧，可以看出博大精深的学问，不只是在儒家七经和诸子百家的著作里。佛教的最高境界，甚至尧、

五福捧寿挂件

舜、周公、孔子等人都无法企及。

佛教与儒家，本来互为一体；经过逐渐的演变，两者就有了差异，境界的深浅也有所不同。佛教经典的初学门径，设有五种禁戒；儒家经典中所强调的仁、义、礼、智、信这种德行，都与它们相符合。仁，就是不杀生的禁戒；义，就是不偷盗的禁戒；礼，就是不邪恶的禁戒。智，就是不酗酒的禁戒；信，就是不虚妄的禁戒；至于像狩猎、战争、宴饮、刑罚等，这些原本就产生于人类的本性，不可能一下子消除，只能让它们有所节制，使它们不至于泛滥成灾。既然尊崇周公、孔子之道，为什么要违背佛教的教义呢？这是多么糊涂啊！

原文

俗之谤者，大抵有五：其一，以世界外事及神化无方为迂诞也。其二，以吉凶祸福或未报应为欺诳也。其三，以僧尼行业多不精纯为奸慝也。其四，以縻费金宝减耗课役为损国也。其五，以纵有因缘如报善恶，安能辛苦今日之甲，利益后世之乙乎？为异人也。今并释之于下云。

释一曰：夫遥大之物，宁可度量？今人所知，莫若天地。天为积气，地为积块，日为阳精，月为阴精，星为万物之精，儒家所安也。星有坠落，乃为石矣；精若是石，不得有光，性又质重，何所系属？一星之经，大者百里，一宿首尾，相去数万；百里之物，数万相连，阔狭从斜，常不盈缩。又星与日月，形色同尔，但以大小为其等差；然而日月又当石也？石既牢密，乌兔①焉容？石在气中，岂能独运？日月星辰，若皆是气，气体轻浮，当与天合，往来环转，不得错违，其间迟疾，理宜一等；何故日月五星②二十八宿，各有度数，移动不均？宁当气坠，忽变为石？地既滓浊，法应沉厚，凿土得泉，乃浮水上；积水之下，复有何物？江河百谷，从何处生？东流到海，何为不溢？归塘③尾闾，漏何所到？沃焦④之石，何气所然⑤？潮汐去还，谁所节度？天汉⑥悬指，那不散落？水性就下，何故上腾？天地初开，便有星宿；九州⑦未划，列国未分，茧疆区野，若为躔次⑧？封建已来，谁所制割？国有增减，星无进退，灾祥祸福，就中不差；乾象⑨之大，列星之伙，何为分野，止

系中国？昂[10]为旄头，匈奴之次；西胡、东越，雕题、交址[11]，独弃之乎？以此而求，迄无了者，岂得以人事寻常，抑必宇宙外也。

注释

①乌兔：古代神话传说日中有乌，月中有兔。

②五星：指金、木、水、火、土五大行星。二十八宿：我国古代天文学家为了观天象及日、月、五星在天空中的运行，在黄道带与赤道带的两侧绕天一周，选取了二十八年星官作为观察时的标志，称为"二十八宿"。

③归塘：即归墟，传说为海中无底之谷。

④沃焦：古代传说中东海南部的大石山。

⑤然："燃"的本字。

⑥天汉：即银河。

⑦九州：传说中的我国中原上古行政区域。按《尚书·禹贡》，为冀、兖、青、徐、扬、荆、豫、梁、雍。

⑧躔次：日月星辰运行的轨迹。古代认为地上各州郡邦国与天上一定的区域相对应，谓之分野，故作者有此问。

⑨乾象：天象。

⑩昂：星名，二十八宿之一。

⑪《后汉书·南蛮传》："《礼记》称南方曰蛮、雕题、交址，其俗男女同川而浴，故曰交址。"

译文

世俗对佛教的指责，大致有以下五种：第一，认为佛教所讲述的是人世以外的事，以及离奇古怪、没有根据的事情，是迂腐荒诞的；第二，认为人世间的吉凶祸福，并非必然有所报应，佛教强调因果报应，是迷惑、欺骗众人；第三，认为出家当和尚、尼姑的人，品行大多不清白，道行大多不纯熟，寺庵成了藏奸纳秽之地；第四，认为寺庵耗费黄金宝物。僧尼不交租、不服役，损害了国家利益；第五，认为即使有什

么祸福报应存在，又怎么能使今天辛苦劳作的甲某，去为来世的乙某谋利益呢？那只是怪人啊！现在一并解释如下：

对于第一种指责，我解释如下：极远极大的东西，人力怎么能测量？现在人们所知道的，没有比对天地更熟悉的了。天是各种虚气积聚而成，地是各种实物积聚而成，太阳是阳刚之物的精华，月亮是阴柔之物的精华，星辰是宇庙万物的精华，这是儒家所信服的观点。星辰落到地上，就成了石头，如果精华是石头，就不会有光芒；星星本身很重，又靠什么力量使它悬挂在天上？一颗星的直径，大的有一百里长，星宿之间相隔几万里；直径百里之长的物体，相隔万里连成一片，纵横错落，为什么不见伸长，缩短的变化？再者，星星与日月的形体、色泽相似，只是大小不同而已。可见，日月也是石头吗？石头是牢固细密的物体，太阳中的金乌、月亮中的玉兔又如何存在呢？石头飘浮在气体中怎么能自行运转？日月星辰，如果都是气体，气体是轻飘的东西，应当与天合而为一，来回环绕运转；不可能互相交错，其中的速度，按理应该是一致的，为什么日月、五大星辰，二十八星宿各有各的速度与位置，移动的快慢不均衡呢？难道是气体坠落地上，忽然变成石头吗？既然地是实物积聚而成，按理应该沉重，可是挖地时能发现泉水，地就是浮在水上的，那么积水下面又有什么东西？江河水流从哪里来？东流到海为什么不溢出地面？江河所聚之处，水又流到哪里去了？海水一涨就消失了的沃焦山，是什么样的气体变成的？潮汐的涨落，又是谁在控制呢？天河挂在空中，为什么不散落下来？水是往低处流，为什么又升腾到天上去了呢？刚刚

● 古代青瓷

开天辟地时，就有了星宿；当时九州的地域尚未确定，诸侯列国尚未划分，此疆彼界是如何依据星辰运行的位置来确定的呢？诸侯在分封的区域内建立国家以来，又是谁来主宰这些事呢？诸侯国有增有减，星辰的位置却始终不变，而给各诸侯国带来的吉凶祸福却很准确，没有偏差。天地之大，星辰之多，为什么与地上的分野所对应的分星只是挂在中原各诸侯国的上空？与匈奴的分野对应的分星是旄头；难道唯独西胡、东越、南蛮就没有所对应的分星？像诸如此类的问题，数不胜数，要去追究是绝无终了之目的。难道可以用寻常的人事道理去限制或判断茫茫宇宙之外的无穷事理吗？

原文

凡人之信，唯耳与目；耳目之外，咸致疑焉。儒家说天，自有数义；或浑或盖①，乍宣乍安。斗极②所周，管维③所属，若所亲见，不容不同；若所测量，宁足依据？何故信凡人之臆说，迷大圣④之妙旨，而欲必无恒⑤沙世界、微尘数劫也⑥？而邹衍亦有九州之谈。山中人不信有鱼大如木，海上人不信有木大如鱼；汉武不信弦胶，魏文不信火布；胡人见锦，不信有虫食树吐丝所成；昔在江南，不信有千人毡帐，及来河北，不信有二万斛船：皆实验也。

注释

①浑：浑天。盖：盖天，宣：宣夜。以上为我国古代关于天体的三种学说。安：指《安天论》，为汉代虞喜根据宣夜说写成。

②斗：指北斗七星。极：指北极星。

③管维：又作斡维。转运的枢纽，指斗枢。

④大圣：佛家称佛或菩萨为大圣。

⑤恒沙："恒河沙数"的省称。此言其多至不可胜数。

⑥微尘：佛教语。指极细小的物质。劫佛教以天地的形成到毁灭为一劫。

● 辟雍砚

译文

　　看来人们所相信的，只有耳闻目睹的事实，眼见与耳闻之外的事实，一概怀疑。儒家对天的看法，本来就有好几种：有的持"浑天"说，有的持"盖天"说，有的持"宣夜"说，等等。天的四周到底是靠什么支撑起来的？如果能让人亲眼看见，就不会有这么多的看法；如果是凭推测，哪一种看法都不足为据。为什么相信凡人的臆测而怀疑大圣人释伽摩尼的精妙教义呢？为什么认定不会有像印度恒河中的沙子那样多的世界，像灰尘那样多的劫波呢？然而，皱衍也有除了中国之外还有九州的说法。山中的人不相信有树木那么大的鱼，海上的人不相信有鱼那么大的树木；汉武帝不相信有一种胶可以粘合断裂的弓弩刀剑；魏文帝不相信有耐火的石棉布；外国人看见丝织品，不相信是用吃桑叶的蚕吐的丝织成的。过去的江南时候，人们不相信有容纳千人的帐篷；等到了北方，人们不相信有容纳二万斛的大船；而这些都得到了事实的验证。

原文

　　世有祝①师及诸幻术，犹能履火蹈刃，种瓜移井，倏忽之间，十变

五化。人力所为，尚能如此；何况神通感应，不可思量，千里宝幢②，百由旬③座，化成净土④，踊出妙塔乎？

注释

①祝：男巫。

②宝幢：佛寺中悬挂的幢旗。

③由旬：古代印度计长度的单位。也译作"俞旬"、"由延"。

④净土：佛教谓庄严洁净，没有五浊（劫浊、见浊、烦恼浊、众生浊、命浊）的极乐世界。

译文

世上的巫师，以及各种耍魔术的艺人，尚且能穿过火焰，在刀刃上行走；种下的瓜果即刻就能成熟；还能挪动井口，片刻之间，千变万化。人力所作所为，尚且如此神妙变幻，何况神圣的神奇感应之力，当然更是不可思议，无法想象的：忽地树起千里长的华美经幢，在三百里方圆内创造出庄严洁净的极乐世界、七宝塔等。

原文

释二曰：夫信谤之征，有如影响①；耳闻目见，其事已多，或乃精诚不深，业缘未感②，时傥差阑，终当获报耳。善恶之行，祸福所归。九流百氏③，皆同此论，岂独释典为虚妄乎？项橐、颜回之短折，伯夷、原宪之冻馁，盗跖、庄跷之福寿，齐景、桓魋之富强，若引之先业④，冀以后生，更为通耳。如此行善而偶钟祸报，为恶而偶值福征，便生怨尤，即为欺诡；则亦尧、舜之云虚，周、孔之不实也，又欲安所依信而立身乎？

注释

①影响：影子与回声。

②业缘：佛教指善业生善果、恶业生恶果的因缘。谓一切众生的境

遇、生死都由前世业缘所决定。

③九流：战国时的九个学术流派。即儒家、道家、阴阳家、法家、名家、墨家、纵横家、杂家、农家。又有小说家一派，合为十家。

④业：即梵语"羯磨"。佛经谓在六道中生死轮回，是由业决定的。业包括行动、语文、思想、知识三个方面。分别指身业、口业（或语业）、意业。

译文

对第二种的指责，我解释如下：不论你相信或不相信，因果报应总会得到应验的，就好像身体与影子，声音与回响一样。这样的事或由耳闻，或经目睹已经很多了，不必罗列。有的没有得到应验，或许是因为诚心不足；或许是因缘还没有得到感应，报应倘若推迟了，早晚终会得到应验的。一个人善恶的行为，决定了他祸福的报应。九流和诸子百家都持这个观点，难道唯独佛家这么说，就成了胡说八道了？世上固然有好人没好报的事，同项橐、颜回短命而死；原宪、伯夷受冻挨饿而死。也有坏人有好报的事，如盗跖、庄𫏋获得长寿；齐景公、桓魋的国力富强；如果有参见他们的前世功德与来世的报应，道理就说得通了。如果因为做好事的人偶然蒙祸，做坏事的人意外得福，就产生怨恨之心，认为因果报应之说是欺骗人，那么就好像是指责尧、舜的事迹是虚假的，周公、孔子的话不可信。如果这样的话，那么又能靠什么信念来立身处世呢？

原文

释三曰：开辟已来①，不善人多而善人少，何由悉责其精洁乎？见有名僧高行，弃而不说；若睹凡僧流俗，便生非毁。且学者之不勤，岂教者之为过？俗僧之学经律②，何异士人之学《诗》、《礼》？以《诗》、《礼》之教，格朝廷之人，略无全行者；以经律之禁，格出家之辈，而独责无犯哉？且阙行之臣，犹求禄位；毁禁之侣，何惭供养③乎？其于戒行④，自当有犯。一披法服，已堕僧数，岁中所计，斋讲诵持，比诸白衣⑤，犹不啻山海也。

注释

① 开辟以来：相传盘古开天辟地。开辟以来，就是指有天地以来。

② 经律：佛教徒称记述佛的言论的书叫经，记述戒律的书叫律。

③ 供养：佛教徒不事生产，靠人提供食物，称供养。

④ 戒行：佛教指恪守戒律的操行。

⑤ 白衣：佛教徒穿黑衣，故称世俗之人为白衣。

译文

对于第三种指责，我解释如下：开天辟地有了人类以来，就是坏人多而好人少，怎么可以要求每一个僧尼都是清白的好人呢？看见名僧高尚的德行，舍弃不提，只要见了一般的僧尼伤风败俗，就指责佛教。况且，接受教育的人不勤勉，难道是教育者的过错？一般的僧尼学佛经，又跟士人学《诗经》、《礼记》有什么两样？用《诗经》、《礼记》中所要求的标准去衡量朝廷中的大官员，大概没有几个符合标准的。用佛经的戒律衡量出家人，怎么能唯独要求他们不能违犯戒律呢？品德很差的官员，还依然能获取高官厚禄，犯戒的僧尼，坐享供养又有什么可惭愧的呢？对于所规定的行为规范，人们自然会偶尔违反。出家人一披上法衣，一年到头吃斋念佛，与世俗之人的修养相比，其高低的程度远胜过高山与深海的差距。

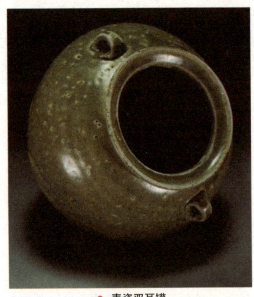

● 青瓷双耳罐

原文

释四曰："内教多途，出家自是一法耳。若能诚孝在内，仁惠为本，须达、流水，不必剃落须发；岂令罄井田而起塔庙，穷编户以为僧尼也？皆由为政不能节之。遂使非法之寺，妨民稼穑，无业之僧，空国赋算，非大觉^①之本旨也。抑又论之：求道者，身计也；惜费者，国谋也。身计国谋，不可两遂。诚臣徇主而弃亲，孝子安家而忘国，各有行也，儒有不屈王侯高尚其事，隐有让王辞相避山林；安可计其赋役，以为罪人？若能偕化黔首^②，悉入道场，如妙乐^③之世，襄佉^④之国，则有自然稻米，无尽宝藏，安求田蚕之利乎？

注释

① 大觉：佛教语。指佛的觉悟，此用以指佛教。

② 黔首：老百姓。

③ 妙乐：古代西印度国名。

④ 襄佉：即儴佉。印度古代神话中国王名，即转轮王。

译文

对于第四种指责，我解释如下：佛教修行的方法很多，出家当僧尼只是其中一种而已。如果能有忠孝之心，具备仁爱的襟怀，像须达、流水这两位长者一样以慈悲为怀，也用不着剃掉胡须、头发；并不是要求用所有的田地去盖寺庙佛塔，让所有登户籍的平民都去当僧尼。只是由于执政的人不能很好的管制，才使不守法纪的寺院，妨碍了民众的农业生产，没有德行的僧尼，空享国家的赋税，这是不合佛教原本的宗旨的。再有一点，信奉佛教，是个人的意愿；减少费用，是国家的政策；个人的意愿与国家的政策，不可能两全其美。就像忠臣献身于君主而放弃了抚养双亲的责任，孝子为了承担家庭重担而忽略对国家应尽的义务，各自表现出不同的品行。儒家中有不屈从于王侯，独来独往，自许清高的人；隐士中有退让君位、辞去卿相而隐居山林的人；怎能算计他们的赋税徭役，并认定他们

是罪人呢？如果让世人都信奉佛教，皈依释迦，那么人世间就是美妙欢乐的世界。就像禳王那样无为而治却拥有太平国家；会有不用耕种而自然长出的粮食和无尽的宝藏，何必去求取耕作养蚕的收获呢？

原文

释五曰：形体虽死，精神犹存。人生在世，望于后身①似不相属；及其殁后，则与前身似犹老少朝夕耳。世有魂神，示现梦想，或降童妾，或感妻孥，求索饮食，征须福祐，亦为不少矣。今人贫贱疾苦，莫不怨尤前世不修功业；以此而论，安可不为之作地②乎？夫有子孙，自是天地间一苍生耳，何预身事？而乃爱护，遗其基址，况于己之神爽③，顿欲弃之哉？凡夫蒙蔽，不见未来，故言彼生与今非一体耳；若有天眼④，鉴其念念⑤随灭，生生⑥不断，岂可不怖畏邪？又君子处世，贵能克己复礼，济时益物。治家者欲一家之庆，治国者欲一国之良，仆妾臣民，与身竟何亲也，而为勤苦修德乎？亦是尧、舜、周、孔虚失愉乐耳。一人修道，济度几许苍生？免脱⑦几身罪累？幸熟思之！汝曹若观俗计，树立门户，不弃妻子，未能出家；但当兼修戒行，留心诵读，以为来世津梁⑧，人生难得，无虚过也。

注释

① 后身：佛教认为人死要转生，故有前身、后身之说。

② 为之作地：为他（后身）留余地。

③ 神爽：神魂，心神。

④ 天眼：佛教所说五眼之一。即天趣之眼，能透神六道、远近、上下、前后、内外及未来等。

⑤ 梵语刹那，译为念。念念：指极短的时间。此句是说生命在极短的时间内不断产生又不断消亡。

⑥ 生生：佛教指轮回。

⑦ 免脱：解脱。

⑧ 津梁：桥梁。

译文

对于第五种指责，我解释如下：人的形体虽然死了，精神仍然存在。人活在这个世界上，远望死后的事，似乎生前与死后毫不相干，等到死后，你的灵魂与你身体之间的关系，就像老人与小孩，早晨与晚上一般关系密切。世上有魂灵托梦于人的事；有的托附于仆人、小妾的梦中，有的托付于妻子、儿女的梦中；向他们索求食物，乞求福佑而得到应验的事，也是不少。现在有人看到自己一辈子贫贱痛苦，无不怨恨前世没有修好功德。从这一点来说，生前怎么能不为来世的魂灵开辟一片安乐之地呢？至于有子孙，他们只不过是天地间一个百姓而已，跟我自身有什么相干？尚且要尽心爱护，将家业留给他们；何况对于自己的魂灵，怎能轻易舍弃不顾呢？凡夫俗子愚昧无知，无法预见来世。所以就说今生与来世并非是一回事；如果能像如来佛那样有洞察万物的"天眼。"就能洞见生命在刹那间起止，而世间众人生生不已，难道不让人感到惧怕吗？再者，君子处世，最可贵的是克制自己，使言语行动都合乎礼仪，挽救时局，为众人谋利。管理家庭的人，希望这个家庭幸福美满；治理国家的人，希望这个国家兴旺发达。仆人、侍妾、臣僚、民众，和我自身究竟有什么相干呢，而为什么要为他们苦苦修养自己的道德品行呢？这也和尧、舜、周公、孔子一样，白白地失去了许多欢乐的时光呀！一个人修身求道，能超度几个人，能使几个人解脱罪恶？希望你们好好想想这个问题。你们如果顾及世俗的生计，成家立业，不能舍弃妻子儿女，不能出家去当和尚，就要按佛教戒律修身养性，专心研读佛经，以此为来世的幸福铺好桥梁。人生是很宝贵的。不要虚度年华。

原文

儒家君子，尚离庖厨，见其生不忍其死，闻其声不食其肉。高柴、折像，未知内教，皆能不杀，此乃仁者自然用心。含生之徒，莫不爱命；去杀之事，必勉行之。好杀之人，临死报验，子孙殃祸，其数甚

多，不能悉录耳，且示数条于末。梁世有人，常以鸡卵白和沐，云使发光，每沐辄二三十枚。临死，发中但闻啾啾数千鸡雏声。江陵刘氏，以卖鳝羹为业。后生一儿头是鳝，自颈以下，方为人耳。王克为永嘉郡守，有人饷羊，集宾欲醮。而羊绳解，来投一客，先跪两拜，便入衣中。此客竟不言之，固无救请。须臾，宰羊为羹，先行至客。一脔入口，便下皮内，周行遍体，痛楚号叫；方复说之。遂作羊鸣而死。梁孝元在江州时，有人为望蔡县令，经刘敬躬乱，县廨被焚，寄寺而住。民将牛酒作礼，县令以牛系刹柱，屏除形像，铺设床坐，于堂上接宾。未杀之顷，牛解，径来至阶而拜，县令大笑，命左右宰之。饮啖醉饱，便卧檐下。稍醒而觉体痒，爬搔隐疹，因尔成癞，十许年死。杨思达为西阳郡守，值侯景乱，时复旱俭，饥民盗田中麦。思达遣一部曲守视，所得盗者，辄截手腕，凡戮十余人。部曲后生一男，自然无手。齐有一奉朝请，家甚豪侈，非手杀牛，啖之不美。年三十许，病笃，大见牛来，举体如被刀刺，叫呼而终。江陵高伟，随吾人齐，凡数年，向幽州淀中捕鱼。后病，每见群鱼啮之而死。

译文

儒家的君子，尚且远离厨房，不忍心看见活的动物被杀死，听到动物被宰杀时的惨叫声，就不忍吃它们的肉。高柴、折像二人并不知道佛教教义，都能做到不杀生，这就是仁慈的人内心世界的自然表露。有生命的东西，没有不爱惜自己生命的；不要去做杀生的事，一定要努力做到这一点。喜欢杀生的人，死后要遭到报应，子孙要遭殃，这样的例子很多，不能一一讲到，下面就举几个例子。

梁朝有个人，常常用蛋清洗发，说是能使头富有光泽，每次洗发就用去二三十个鸡蛋。他临死的时候，只听见头发中发出几千只小鸡的鸣叫声。

江陵有个姓刘的人，以贩卖鱼羹为业，后来生了一个小孩，头像鱼，头部以下，才是人形。

王克在永嘉任太守时，有人送了只羊给他，他就办酒食宴请宾客。

请客那天，那只羊扯断绳子，冲到一位客人面前，跪下去拜了两拜，就投入他的怀里。那位客人毫不理会，没去救它。过了一会儿，羊被宰杀，做成羊肉汤，先送到那位客人面前。他吃了一块肉，肉刚一入口，便穿入皮肉，周身乱窜，他疼痛号叫不已，此时说出刚才羊向他求救的事，尔后发出几声羊叫而死。

梁孝元帝在江州的时候，在位望蔡县的县令，遇到了刘敬躬的叛乱。县里的官署被烧毁了，他暂时住在寺庙里。老百姓将一头牛和几缸酒做礼物送给他，这位县令将牛绑在柱子上，搬掉佛像，摆下桌

● **青瓷烛台**

椅，在庙堂里接待宾客。牛快被宰的时候，就扯开了绳子，直奔到县令面前拜了下去。县令大笑，让旁边的侍从把牛宰了。县令酒足饭饱之后，就躺在屋檐下睡着了，醒来后感到身上发痒，拼命抓搔身上的疙瘩。他因而得了麻疯病。十几年后病重而死。

杨思达是西阳郡的太守，当时正值侯景叛乱，又遇到旱灾，饥饿的老百姓就去偷田里的麦子。杨思达派了一个部下去守麦田。那个部下凡是抓到偷麦子的人就砍掉他们的手，一共砍了十几个人的手。后来他生下了一个男孩，天生没有手。

齐国有个担任奉朝请的人。家里非常奢侈。这个人非得亲手宰牛，牛肉吃起来才有美味。三十多岁时，他得了重病，看见一大群牛跑来找他，他觉得全身如刀割般疼痛，大声号叫而死。

江陵的高传，随人投奔齐国。几年以来。时常到幽州的湖泊中捕鱼。后来病重，常看见成群的鱼来咬他，终于死了。

原文

世有痴人，不识仁义，不知富贵并由天命。为子娶妇，恨其生资不足，倚作舅姑之尊，蛇虺其性，毒口加诬，不识忌讳，骂辱妇之父母，却成教妇不孝己身，不顾他恨。但怜己之子女，不爱己之儿妇。如此之人，阴纪其过①，鬼夺其算。慎不可与为邻，何况交结乎？避之哉！

注释

① 阴纪其过：意即阴曹地府会将会的罪过记录下来。

译文

世间有一种痴人，不懂得仁义，也不知道富贵皆由天命。为儿子娶媳妇，恨媳妇的嫁妆太少，仗着自己当公婆的尊贵身份，怀着毒蛇般的心性，对媳妇恶意辱骂，不懂得忌讳，甚至谩骂侮辱媳妇的父母，这反而是教媳妇不用孝敬自己，也不顾她的怨恨。只知道疼爱自己的子女，不知道爱护自己的儿媳。像这种人，阴曹会把他的罪过记录下来，鬼神也会减掉他的寿命。千万不可与这种人做邻居，更何况与这种人交朋友呢？还是躲他远点吧。